KARLIS PRINCIS

BLATTARIAE

BESTIMMUNGSBÜCHER
ZUR BODENFAUNA EUROPAS

Herausgeber:

Dr. Jacques d'Aguilar · Prof. Dr. Max Beier
Prof. Dr. Dipl.-Ing. Herbert Franz · Dr. Frank Raw

Lieferung 3

herausgegeben von

Max Beier

AKADEMIE-VERLAG · BERLIN
1965

KARLIS PRINCIS

ORDNUNG BLATTARIAE

(SCHABEN)

Mit 56 Abbildungen

AKADEMIE-VERLAG · BERLIN
1965

Erschienen im Akademie-Verlag GmbH, 108 Berlin, Leipziger Straße 3—4

Lizenznummer: 202 · 100/553/64
Gesamtherstellung: VEB Druckerei „Thomas Müntzer“ Bad Langensalza
Bestellnummer: 2114/3 · ES 18 G 3 · Preis: MDN 14,70

INHALTSVERZEICHNIS

1. ALLGEMEINER TEIL

Die Schaben sind kleine bis große, paurometabole Insekten. Der Kopf ist in der Ruhe unter dem meist flachen Pronotum verborgen und an die Vorderbrust (Prothorax) gelegt, mit der Mundöffnung nach hinten. Doch besitzen die Tierchen auch die Fähigkeit, den Kopf nach Bedürfnis vorzustrecken. Clypeus entweder einfach oder in Ante- (a) und Postclypeus (p) geteilt (Fig. 6). Augen meist gut entwickelt. Antennen lang und vielgliedrig. Mundteile kauend.

Der Thorax besteht aus 3 Segmenten, die Pro-, Meso- und Metathorax genannt werden. Die dorsalen Platten der Thoraxsegmente nennt man entsprechend Pro-, Meso- und Metanotum, die ventralen aber Pro-, Meso- und Metasternum. Die mittlere Partie des Pronotums wird als Scheibe, die lateralen Partien werden als Seiten bezeichnet. Am Thorax sind die Thoraxanhänge angegliedert, d.h. die Vorder- und Hinterflügel sowie die 3 Beinpaare. Die Vorderflügel (Elytren) sind stärker chitinisiert und entweder voll entwickelt oder in verschiedenem Umfang zurückgebildet oder gar fehlend (Fig. 7). Die Hauptadern der Vorderflügel sind vom Vorderrand angefangen wie folgt: Costa (C), Subcosta (Sc), Radius (R), Media (M), Cubitus (Cu) und Cubitalfurche (CuF). Systematisch wichtig sind noch die vorderen Äste oder Rami anteriores der Subcosta und des Radius (RaSc bzw. RaR). Die Areen (Felder) zwischen den Hauptadern werden nach der vorhergehenden Ader benannt: Costalarea (CA), Subcostalarea (ScA) usw. Die durch die Cubitalfurche abgegrenzte Area wird Analarea oder Analfeld genannt. Die Hinterflügel sind zarthäutig, oft reduziert oder gar fehlend; ihr Analfeld ist in der Ruhe entweder einfach umgeschlagen oder außerdem noch fächerförmig gefaltet. Die Hauptadern der Hinterflügel sind: Costa, Subcosta, Radius, Media, Cubitus 1 (Cu1), Cubitus 2 (Cu2), 1. Analader (1A), 2. Anal-

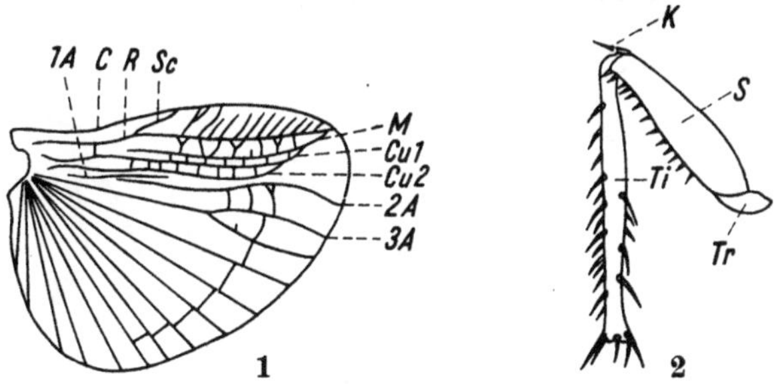

Fig. 1–2 1 *Ectobius* (*Ectobius*) *lapponicus* (Linné), ♂. Rechter Hinterflügel: *C*, Costa; *Sc*, Subcosta; *R*, Radius; *M*, Media; *Cu 1*, Cubitus 1; *Cu 2*, Cubitus 2; *1A*, 1. Analader; *2A*, 2. Analader; *3A*, 3. Analader. 2 *Blatta orientalis* Linné. Hinterschenkel mit Hintertibia: *Tr*, Trochanter; *S*, Schenkel; *Ti*, Tibia; *K*, Kniedorn.

ader (2A), 3. Analader (3A) usw. Manchmal ist ein in der Ruhe spiralig einrollbares Apikaldreieck zwischen Cu1 und 3A eingeschaltet (Fig. 1). Die Beine (Fig. 2) sind als Laufbeine entwickelt und bestehen aus folgenden gelenkig miteinader verbundenen Teilen: Coxa (Hüfte), Trochanter (Tr), Femur (Schenkel, S), Tibia (Schiene, Ti) und Tarsus. Die Bedornung der Unterränder der Schenkel wird in der Systematik der Blattarien benutzt. Bei dem vorderen Unterrand der Vorderschenkel unterscheidet man 3 verschiedene Typen der Bedornung, und zwar: A, B und C. Die Bedornung nach Typ A besteht aus einer Reihe von Dörnchen, die distalwärts allmählich in der Größe abnehmen (Fig. 3), diejenige nach Typ B aus einer proximalen Gruppe stärkerer Dörnchen, die distalwärts abrupt in eine Reihe borstenförmiger Dörnchen übergeht (Fig. 4), und schließlich diejenige nach Typ C aus lauter borstenförmigen Dörnchen (Fig. 5). Diese Dörnchenreihen schließen bei allen Bedornungstypen am Distalende der Schenkel mit 1—3 sog. Distaldornen (D) ab; ihre Anzahl ist wichtig bei der Bestimmung der Blattarien. Die Unterränder der Mittel- und Hinterschenkel können unbedornt oder bedornt sein (die eventuell vorhandenen Distaldornen werden dabei nicht mitgerechnet). Die Tibien sind immer kräftig bedornt und am Apikalende mit einem Quirl von längeren Apikaldornen versehen. Der Tarsus ist 5gliedrig und sein basales Glied (Basitarsus) gewöhnlich länger als die übrigen Glieder. Die 4 proximalen Tarsalglieder tragen meist je ein kleines Haftläppchen (Euplantula). Bei einigen Arten können jedoch diese Haftläppchen vollkommen fehlen oder nur auf dem 4. Glied erhalten bleiben. Das 5. Glied ist mit 2 Krallen versehen, die entweder symmetrisch oder asymmetrisch (die innere Kralle beträchtlich länger als die äußere) entwickelt sein können. Zwischen den beiden Krallen liegt ein weiteres Haftläppchen (Arolium), das bisweilen fehlen kann.

Das Abdomen besteht aus 10 Segmenten und die dorsalen Platten dieser Segmente werden Tergite, die ventralen Sternite genannt. Tergite 8 und 9 sowie Sternit 1 sind stets mehr oder weniger reduziert. Beim Männchen sind 9 Sternite sichtbar, beim Weibchen aber nur 7. Das 9. Sternit bildet beim Männchen das Hypandrium, welches in der Regel mit 1—2 Styli versehen ist. Seltener fehlen die Styli ganz, dann aber ist das Geschlecht leicht durch die Anzahl der sichtbaren Sternite feststellbar. Beim Weibchen bildet das 7. Sternit die sog. Subgenitalplatte, die entweder einfach oder valvulär sein kann (Fig. 9). Die Supraanalplatte wird bei beiden Geschlechtern von

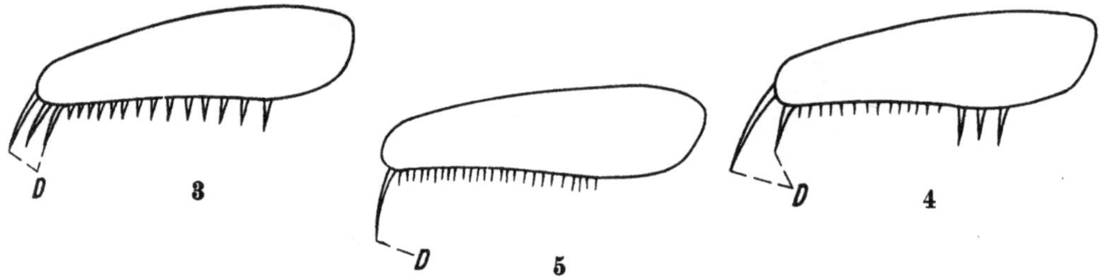

Fig. 3—5 **3** *Blatta orientalis* Linné. Vorderseite des Vorderschenkels (Typ A): *D*, Distaldornen. **4** *Ectobius* (*Ectobius*) *lapponicus* (Linné), Vorderseite des Vorderschenkels (Typ B): *D*, Distaldornen. **5** *Zetha vestita* (Brullé). Vorderseite des Vorderschenkels (Typ C): *D*, Distaldorn.

dem 10. Tergit gebildet und unter dieser Platte liegt die Analhöhle, die beim Männchen den Kopulationsapparat, beim Weibchen aber den Legeapparat beherbergt. Zur Aufnahme der Eier wird die sog. Oothek gebildet (Fig. 47), die vom Weibchen einige Zeit mit sich herumgetragen wird, eingeklemmt zwischen die Supraanal- und die Subgenitalplatte. Erst später wirft das Weibchen die Oothek ab. Außer den Styli, die nur beim Männchen vorkommen, sind am Abdomenende noch 2 weitere, äußerlich sichtbare Anhänge zu finden, nämlich Cerci. Die Cerci sind in der Regel gut entwickelt, mehrgliedrig und stets zu zweit bei beiden Geschlechtern vorhanden.

Die Schaben sind omnivor und vorwiegend Nachttiere. Tagsüber verstecken sie sich am Boden unter Fallaub, Steinen, Baumrinde und in ähnlichen Stellen. Bei einigen *Ectobius*-Arten sind die Männchen ziemlich gute Flieger und auch bei Tageslicht tätig, wobei sie dann manchmal sogar in Baumkronen gefunden werden können. — Bei Konservierung der Schaben für Sammelzwecke ist ausnahmslos das Nadeln der Tierchen zu empfehlen. Das in manchen Museen noch immer praktizierte Verfahren, die Tierchen auf Plättchen aufzukleben, ist entschieden zu verwerfen, da die Körperunterseite für die Bestimmung der Schaben nicht weniger wichtig ist als die Oberseite. Noch ist zu bemerken, daß nachfolgend nur die freilebenden Arten Europas behandelt werden.

Die Erforschung der Blattarienfauna Europa ist von jeher mit der Erforschung der Sammelgruppe der „Orthopteren" verknüpft gewesen und die zusammenfassenden Übersichten über die „Orthopteren" Europas nennen stets auch die Blattarien. Schon CHARPENTIER (1825) führte 8 Arten für Europa auf. Weiterhin folgten dann FIEBER (1853) und FISCHER (1853) mit 10 bzw. 13 Arten. Das Jahr 1865 ist als ein wichtiger Markstein in der Erforschungsgeschichte der Blattarien zu bezeichnen. In diesem Jahr veröffentlichte BRUNNER V. WATTENWYL sein Buch „Nouveau système des Blattaires" und schuf damit eine feste Grundlage für die weitere systematische Erforschung der Gruppe. Siebzehn Jahre später erschien sein zweites, nicht weniger wichtiges Buch „Prodromus der europäischen Orthopteren" (BRUNNER V. WATTENWYL, 1882). Unter den weiteren Beiträgen zur Erforschung der Schabenfauna Europas sind noch die von BOLÍVAR (1878 und 1900), BURR (1910), JAKOBSON & BIANKI (1905), RAMME (1923 und 1951), BEY-BIENKO (1950), HARZ (1960) und FERNANDES (1963) zu nennen. Insgesamt sind bis jetzt nach dem heutigen Stand unserer Kenntnisse 61 Arten im europäischen Gebiet festgestellt worden.

2. SPEZIELLER TEIL

Bestimmungsschlüssel zu den europäischen Familien und Unterfamilien

1 Unterränder der Mittel- und Hinterschenkel unbedornt (die eventuell vorhandenen Distaldornen sind nicht mitzurechnen) 2

1* Unterränder der Mittel- und Hinterschenkel beiderseits (vorn und hinten) bedornt 3

2 Postclypeus (♂♀) kleiner (Fig. 6), mit seinem Oberrand nicht bis zu den Antennen reichend. Subcosta der Vorderflügel (♂) mit Rami anteriores versehen (Fig. 7) . . . . 1. Fam. Polyphagidae

2* Postclypeus (♂♀) größer (Fig. 8), mit seinem Oberrand stets bis zu den Antennen reichend. Subcosta der Vorderflügel (♂) ohne Rami anteriores . 2. Fam. Euthyrrhaphidae: Tiviinae

3 Hypandrium mit 2 symmetrisch angegliederten Styli versehen. Subgenitalplatte des Weibchens valvulär (Fig. 9) . . . . . . 3. Fam. Blattidae: Blattinae

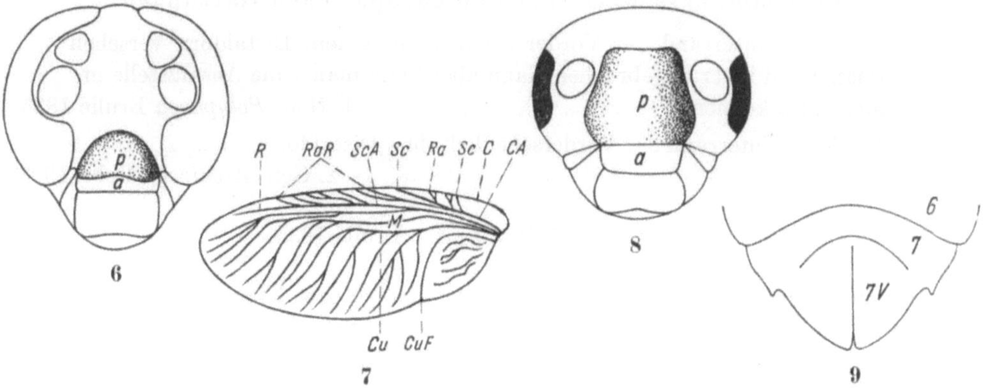

Fig. 6–9 **6** *Polyphaga aegyptiaca* (Linné), ♂. Kopf: *a*, Anteclypeus; *p*, Postclypeus. **7** *Polyphaga aegyptiaca* (Linné), ♂. Linker Vorderflügel: *C*, Costa; *Sc*, Subcosta; *RaSc*, Rami anteriores der Subcosta; *R*, Radius; *RaR*, Rami anteriores des Radius; *M*, Media; *Cu*, Cubitus; *CuF*, Cubitalfurche; *CA*, Costalarea; *ScA*, Subcostalarea. **8** *Zetha vestita* (Brullé), ♂. Kopf: *a*, Anteclypeus; *p*, Postclypeus. **9** *Blatta orientalis* Linné, ♀. Abdomenende von unten: *6*, 6. Sternit; *7*, Subgenitalplatte; *7V*, Valven.

3* Hypandrium entweder überhaupt ohne Styli oder mit nur einem Stylus versehen. Subgenitalplatte des Weibchens ohne Valven 4

4 Tarsalklauen (♂♀) symmetrisch. Hypandrium ohne Styli . 4. Fam. Blattellidae

4* Tarsalklauen (♂♀) asymmetrisch. Hypandrium mit nur einem Stylus . . . 5. Fam. Ectobiidae: Ectobiinae

1. Fam. Polyphagidae

Ziemlich große Insekten (Körperlänge bei den europäischen Arten 12,5—34 mm) mit ausgeprägtem Geschlechtsdimorphismus, indem die Männchen geflügelt, die Weibchen aber vollkommen flügellos sind. Clypeus in Ante- und Postclypeus geteilt, wobei der Postclypeus nie mit seinem Oberrand bis zu den Antennen reicht (Fig. 6). Vorderflügel (♂) weit über das Abdomenende hinwegreichend, nur bei *Arenivaga* (*Psammoblatta*) *curtipennis* sind sie etwas kürzer und reichen nur wenig über die Abdomenspitze hinweg. Subcosta der Vorderflügel mit Rami anteriores versehen (Fig. 7). Hinterflügel (♂) etwa ebenso lang wie die Vorderflügel, ihr Analfeld in der Ruhe einfach umgeschlagen (nicht fächerförmig gefaltet). Vorderer Unterrand der Vorderschenkel nach Typ C bedornt (Fig. 5), mit oder ohne Distaldorn. Unterränder der Mittel- und Hinterschenkel unbedornt. Tarsalklauen symmetrisch; Arolien beim Männchen vorhanden oder fehlend, beim Weibchen immer fehlend. Bei den Männchen der 3 europäischen Arten sind die Arolien immer vorhanden. Hypandrium leicht asymmetrisch, mit 2 Styli versehen, bei *Arenivaga* (*Psammoblatta*) *livida* fehlen jedoch die Styli. — Im allgemeinen sind die Polyphagiden an Gegenden mit Wüsten- oder Halbwüstencharakter gebunden.

Bestimmungsschlüssel zu den europäischen Gattungen

1 Vorderer Unterrand der Vorderschenkel mit einem Distaldorn versehen (manchmal ist er abgebrochen, dann aber kann man seine Ansatzstelle immer gut erkennen) . . . . 1. Gen. *Polyphaga* Brullé 1835

1* Vorderer Unterrand der Vorderschenkel ohne Distaldorn . . . . 2. Gen. *Arenivaga* Rehn 1903

1. Genus ***Polyphaga*** Brullé 1835

Ziemlich große Insekten von höchstens 22,5 mm (♂) bzw. 34 mm (♀) Körperlänge. Vorder- und Hinterflügel weit über die Abdomenspitze hinwegreichend (♂) oder fehlend (♀). Vorderer Unterrand der Vorderschenkel nach Typ C bedornt und mit einem Distaldorn versehen. Arolien vorhanden (♂) oder fehlend (♀). — Von den 5 bekannten Arten der Gattung nur eine im europäichen Gebiet vorhanden.

♂: Körper glänzend schwarzbraun. Kopf schwarz, Abstand zwischen den Augen auf dem Okciput etwas kleiner als der zwischen den Ozellen und etwas größer als der Durchmesser einer einzelnen Ozelle. Antennen braun. Pronotum schwarz, sein Vorderrand gelblich gesäumt. Seitenränder des Pronotums konvex, gerundet in den Vorderrand bzw.

Hinterrand übergehend. Vorderflügel nahezu ganz dunkelbraun, nur dem Vorderrande entlang und in der Analarea mehr verdunkelt, aber nicht stark kontrastierend mit den übrigen Teilen; die Kubitalfurche etwa rechtwinklig gebogen. Costalarea der Vorderflügel etwa 3 mal schmäler als das Analfeld derselben. Median- und Cubitalarea der Vorderflügel sowie der größte Teil der Vorderhälfte der Hinterflügel stark gebräunt. Die Spitzen der Vorder- und Hinterflügel mehr oder weniger eckig gerundet. Der hintere Teil der Hinterflügel hell, durchsichtig. Hinterer Unterrand der Vorderschenkel mit einem Distaldorn. Vordertibien mit 9 Dornen versehen (7 apikal, 1 auf der Ober- und 1 auf der Unterseite), Mitteltibien mit 7 Apikaldornen und 7 Dornen auf der Unterseite, wobei die letzteren in 3 Gruppen (3 + 2 + 2) verteilt sind, Hintertibien mit 7 Dornen apikal, 11 (4 + 3 + 4) oberseits und 5 (2 + 3) unterseits. Arolien klein. Körper-L. 19—22,5 mm; Pronotum-L. 5,3—6,6 mm; Pronotum-Br. 9—10 mm; Elytren-L. 22—28 mm.

♀: Körperoberseite schwarz bis schwarzbraun, stark konvex. Apter. Kopf dunkelbraun, Augen klein und schmal, Abstand zwischen ihnen größer als die Augenlänge. Pronotum etwa halbkreisförmig, sein Vorderrand schmal gelblich gesäumt und dicht beborstet. Hinterer Unterrand der Vorderschenkel mit einem Distaldorn. Tibien wie beim Männchen, nur kürzer und robuster. Hinterrand des 7. Tergits stark konkav, Tergite 8 und 9 klein, nur wenig sichtbar. Supraanalplatte groß, etwa 2 mal breiter als lang. Körper-L. 25—34 mm; Pronotum-L. 9—11 mm; Pronotum-Br. 12 bis 15,5 mm. — Oothek länglich, mit vielen kielförmigen Längslinien, etwa 10—11,5 mm lang. Oberrand der Oothek mit 16—17 Zähnchen versehen. — Jüngere Larven sind gelblich gefleckt, die älteren verlieren aber allmählich die gelbliche Fleckung und werden einfarbig schwarzbraun bis schwarz. — Transkaukasien, Westküste des Kaspischen Meeres nördlich bis Kislar, Ostküste des Schwarzen Meeres nördlich bis Kuban, Griechenland, Jugoslawien, Kreta, S-Italien, Sizilien, Malta . . . . . 1. *P. aegyptiaca* Linné 1758

2. Genus ***Arenivaga*** Rehn 1903

Mittelgroße Insekten von höchstens 15 mm Körperlänge. Vorder- und Hinterflügel über die Abdomenspitze hinwegreichend (♂) oder fehlend (♀). Vorderer Unterrand der Vorderschenkel ohne Distaldorn (nur bei einigen afrikanischen Arten ist ein kleiner Distaldorn vorhanden). Arolien bei den Männchen vorhanden oder fehlend, doch bei den europäischen Arten immer vorhanden. Bei den Weibchen fehlen die Arolien immer. Hypandrium mit oder ohne Styli. Die insgesamt 41 bekannten Arten werden in 3 Subgenera eingeteilt, von welchen nur *Psammoblatta* (mit 2 Arten) im europäischen Gebiet vorkommt.

Subgenus ***Psammoblatta*** Bey-Bienko 1950

Mittel- und Hinterschenkel mit oder ohne Kniedorn. Wenn der Kniedorn fehlt, so sind bei den Männchen stets Arolien vorhanden. Hintertibien mit 9—11 regelmäßig auf der Oberseite verteilten Dornen (manchmal ist das distale Drittel der

Oberseite dornenfrei) und mit 3—5 Dornen auf der Unterseite. Bei den Männchen sind die Hintertibien meistens gerade (nicht gebogen).

Bestimmungsschlüssel zu den europäischen Arten

1 Mittel- und Hinterschenkel mit Kniedorn versehen (♂♀).
♂: Kopf blaßbräunlich, Abstand zwischen den Augen auf dem Okciput bedeutend (mitunter etwa 2mal) kleiner als der zwischen den Ozellen und etwas kleiner als die Breite einer einzelnen Ozelle. Die Grenze zwischen Okciput und Stirn durch ein transversales Kielchen markiert, das mit kurzen, abstehenden Borsten besetzt ist. Pronotum gelblich oder blaßbräunlich, mit einem dunkleren Fleck in der Mitte; die ganze Oberfläche des Pronotums mit kurzen rostbraunen Härchen versehen, die in der vorderen Hälfte abstehend, in der hinteren aber mehr anliegend sind. Vorderflügel bedeutend über das Abdomenende hinwegreichend, gelblich mit zahlreichen braunen oder rotbraunen Pünktchen (es gibt aber auch Individuen mit gelblichbräunlichen Vorderflügeln, die fast keine Punktierung zeigen); die Kubitalfurche in der Mitte stark gebogen. Vordertibien mit 8 Dornen apikal und 1 Dorn oberseits; Mitteltibien mit 7 Dornen apikal, 7 ober- und 2 unterseits; Hintertibien mit 7 Dornen apikal, 11 ober- und 5 unterseits. Arolien klein, aber deutlich. Hypandrium ohne Styli.
♀: Braunrötlich oder rostbraun, apter. Außenrand des Pronotums und Seitenränder des Meso- und Metanotums mit feinen, langen Härchen versehen. Auch Seiten des Abdomens mit einer Reihe aufrechter Härchen besetzt. Die Grenze zwischen Okciput und Stirn durch einen Streifen abstehender Borsten markiert. Hinterrand des Pronotums in der Mitte leicht nach hinten vorgezogen, der des Mesonotums gerade, mit lappenförmig vorgezogenen latero-kaudalen Ecken und der des Metanotums konkav. Tibien wie beim Männchen. Arolien fehlen. Supraanalplatte transversal.— Körper-L. ♂ 12,5—13,5 mm, ♀ 14—15 mm; Pronotum-L. ♂ 3,2—4 mm, ♀ 4,1 mm; Elytren-L. ♂ 15,6—20,5 mm.— Transkaukasien, Griechenland (Parnaß), Sporaden (Nikaria) . . . . . 1. *A.* (*P.*) *livida* (Brunner v. W. 1865)

1* Mittel- und Hinterschenkel ohne Kniedorn (♂). —
♂: Kopf vom Okciput bis zu den Antennen schwarzbraun, Gesicht gelblich, Clypeus gelblichweiß. Pronotum rötlichgelb mit einem großen braunen Fleck dem Hinterrande entlang. Außenränder des Pronotums mit langen rötlichbraunen Härchen versehen. Vorderflügel durchscheinend, dicht und fein braun gefleckt, nur wenig über die Abdomenspitze hinwegreichend. Hinterflügel etwa ebenso lang wie die Vorderflügel, durchsichtig mit brauner Aderung. Vordertibien mit 8 Dornen apikal und 1 Dorn oberseits; Mitteltibien mit 7 Dornen apikal und 7—8 oberseits; Hintertibien mit 7 Dornen apikal, 10 oberseits und 5 unterseits. Arolien klein. Hypandrium asymmetrisch, mit 2 ziemlich langen Styli. — Körper-L. 13,5 mm; Pronotum-L. 5 mm; Pronotum-Br. 7,5 mm; Elytren-L. 12 mm. Weibchen noch unbekannt. — Griechenland (Akarnanien) . . . .
2. *A* (*P.*) *curtipennis* (Chopard 1929)

2. Fam. Euthyrrhaphidae

Kleine Insekten von etwa 7 mm Körperlänge, mit oder ohne Geschlechtsdimorphismus. Die Männchen sind immer voll geflügelt, die Weibchen aber entweder voll geflügelt oder mit seitlichen, lappenförmigen Elytrenrudimenten oder gar flügellos. Postclypeus verhältnismäßig groß, mit seinem Oberrand stets bis zu den Antennen reichend. Vorderflügel entweder mit gut erkennbarer Aderung in ihrer ganzen Länge oder nur in der proximalen Hälfte oder ganz ohne erkennbare Aderung. Subcosta der Vorderflügel ohne Rami anteriores. Analfeld der Hinterflügel in der Ruhe einfach umgeschlagen (nicht fächerförmig gefaltet). Vorderer Unterrand der Vorderschenkel nach Typ C bewaffnet (Fig. 5) und mit 1—2 Distaldornen versehen. Unterränder der Mittel- und Hinterschenkel unbedornt. Tarsalklauen symmetrisch; Arolien bei den Männchen fast immer vorhanden (nur bei einer asiatischen Art fehlen sie), bei den Weibchen vorhanden oder fehlend. Hypandrium symmetrisch bis leicht asymmetrisch, mit 2 Styli versehen. Subgenitalplatte des Weibchens valvulär.

Die Familie besteht aus 3 Subfamilien. Diese sind: Tiviinae (Männchen voll geflügelt, Weibchen mit seitlichen Elytrenrudimenten oder vollkommen flügellos, ♂ Vorderflügel in ihrer ganzen Länge mit gut erkennbarer Aderung), Holocompsinae (beide Geschlechter voll geflügelt, Vorderflügel nur in ihrer proximalen Hälfte mit erkennbarer Aderung) und Euthyrrhaphinae (beide Geschlechter voll geflügelt, Vorderflügel ganz ohne erkennbare Aderung). — Im europäischen Gebiet kommen nur Tiviinae vor (mit 1 Gattung und 1 Art).

Subfam. TIVIINAE

Männchen voll geflügelt. Vorderflügel in ihrer ganzen Länge mit gut erkennbaren Adern versehen. Arolien fast immer vorhanden (nur selten fehlend). Weibchen entweder mit seitlichen, lappenförmigen Elytrenrudimenten oder ganz flügellos. Arolien vorhanden oder fehlend.

Genus *Zetha* Shelford 1913

Augen (♂♀) etwas reduziert, etwa ebenso lang wie der Postclypeus. Längsadern der Hinterflügel (♂) nicht bis zum Flügelrand reichend. Weibchen mit seitlichen, lappenförmigen Elytrenrudimenten. Arolien (♂♀) vorhanden. — Nur eine einzige Art im europäischen Gebiet vorhanden.

♂: Schwarz bis rotbraun. Kopf, Pronotum und Vorderflügel (der Spitzenteil ausgenommen) ziemlich dicht behaart. Vorder- und Hinterflügel nur unbedeutend über die Abdomenspitze hinwegreichend. Vorderflügel oft mit einem schrägen durchsichtigen Fleck, der mitunter schwächer entwickelt sein oder gar fehlen kann. Hinterflügel gebräunt, etwa ebenso lang wie Vorderflügel. Abdomen oberseits glatt, unterseits behaart. Beine dunkelbraun, kurz behaart. Vordertibien mit 9 Dornen versehen (6 apikale, 2 auf der Ober- und 1 auf der Unterseite). Hypandrium groß; sein Hinterrand behaart und zwischen den Styli ausgerandet. — Körper-L.

5—5,75 mm; Pronotum-L. 1,5 mm; Pronotum-Br. 2,2 mm; Elytren-L. 4 mm.

♀: Die ganze Körperoberfläche ziemlich dicht behaart. Abstand zwischen den Augen viel größer als der zwischen den Antennen. Elytrenrudimente distal quer abgestutzt, mit convexem Hinterrand, etwa bis zum Metanotum reichend. Abstand zwischen den beiden Elytren auf dem Rücken etwa 0,5 mm. Subgenitalplatte distal geschlitzt und scheinbar valvulär. — Körper-L. 7 mm; Pronotum-L. 2 mm; Pronotum-Br. 3 mm; Elytren-L. 1,1 mm. — Vermutlich erst in historischer Zeit aus Mittel- oder Südamerika eingeführt. Kanaren, Azoren, Madeira . . . . . *Z. simonyi* (Krauss)

syn: *Z. vestita**) (Brullé 1839)

3. Fam. Blattidae

Ziemlich große Insekten von bedeutender Körperlänge (18—30 mm), mit oder ohne Geschlechtsdimorphismus. Clypeus einfach. Vorder- und Hinterflügel sind sehr verschieden ausgebildet; sie können voll entwickelt, verkürzt oder zu seitlichen Lappen reduziert sein oder gar fehlen. Bei den Männchen der beiden europäischen Arten sind die Vorder- und Hinterflügel entweder voll entwickelt oder um $^1/_3$—$^1/_2$ der Körperlänge verkürzt, bei den Weibchen aber zu seitlichen Lappen reduziert (Vorder- und Hinterflügel) oder gar fehlend (Hinterflügel). Wenn die Hinterflügel voll entwickelt sind, so ist ihr Analfeld in der Ruhe fächerförmig gefaltet. Vorderer Unterrand der Vorderschenkel nach Typ A (Fig. 3) bewaffnet und mit 3 Distaldornen versehen. Unterränder der Mittel- und Hinterschenkel kräftig bedornt. Erstes Tergit ohne oder seltener mit Rückendrüse. Tarsalklauen symmetrisch (Subfam. Blattinae) oder asymmetrisch (Subfam. Polyzosteriinae). Arolien vorhanden, aber manchmal sehr klein, praktisch fehlend. Hypandrium stets symmetrisch, mit 2 beiderseits der Medianlinie symmetrisch angegliederten Styli. Subgenitalplatte beim Weibchen stets mit Valven versehen (Fig. 9).

Subfam. BLATTINAE

Tarsalklauen symmetrisch. — Nur 1 Genus mit 2 Arten im Gebiet vorhanden.

Genus *Blatta* Linné 1758

Männchen mit voll entwickelten oder verkürzten Vorder- und Hinterflügeln. Weibchen mit lappenförmigen Elytrenrudimenten; Hinterflügel zu kleinen Läppchen reduziert oder praktisch fehlend. Arolien sehr klein.

Bestimmungsschlüssel zu den europäischen Subgenera und Arten

1 Männchen mit voll entwickelten Vorder- und Hinterflügeln, die weit über das Abdomenende hinwegreichen. Weibchen mit lappenförmigen Elytren,

*) Während der Drucklegung fand ich, daß *Blatta vestita* Burmeister (Handb. Ent., II: 2. Berlin 1838, p. 498) Priorität über *Blatta vestita* Brullé (in Webb & Berthelot, Hist. nat, Canar., II: 2, Paris 1839, p. 75) hat. Demgemäß muß also die vorliegende Art *Zetha simonyi* (Krauss) heißen.

deren Cubitalfurche distal stark konvex ist; Analfeld breit, eiförmig. — Nur 1 Art in Europa vorkommend. . 1. Subgenus *Shelfordella* Adelung 1910

♂: Bräunlichgelb. Kopf gelblich, zwischen den Augen braun. Ozellen groß, Abstand zwischen ihnen etwa gleich dem Durchmesser einer einnen Ozelle. Abstand zwischen den Augen bedeutend kleiner als die Augenlänge. Pronotumscheibe rotbräunlich, Seitenflügel gelb. Vorderflügel weit über die Abdomenspitze hinwegreichend, bräunlichgelb, Costalarea mit einem blaßgelblichen Längsstreifen. Hinterflügel durchsichtig, etwa ebenso lang wie die Vorderflügel. Seitenränder der Supraanalplatte proximal eingebuchtet, dann aber distalwärts konvergierend; ihr Hinterrand in der Mitte dreieckig ausgeschnitten. Hypandrium transversal, der interstylare Teil seines Hinterrandes leicht konvex; Styli lang, über die Mitte der Cerci hinwegreichend.

♀: Glänzend dunkel- bis schwarzbraun. Ozellen klein, Abstand zwischen ihnen etwa 3mal größer als der Durchmesser einer einzelnen Ozelle. Augenabstand nur etwas kleiner als die Augenlänge. Pronotum mitunter etwas heller als die übrigen Körperteile. Vorderflügelrudimente schwarzbraun mit gelbem Costalstreifen, meistens den Hinterrand des Metanotums nicht erreichend. Abstand zwischen den Elytren auf dem Rücken kleiner als die Elytrenbreite. Hinterflügel zu kleinen Läppchen reduziert. Abdomen einfarbig schwarz oder mitunter mit rundlichen gelben Flecken lateral auf den Tergiten. Supraanalplatte etwa dreieckig mit konvergierenden Seitenrändern, distal in der Mitte rundlich ausgeschnitten. Beine heller als der Körper. — Körper-L. ♂ 19—23 mm, ♀ 22—25 mm; Elytren-L. ♂ 21 bis 23,5 mm, ♀ 4,6—6 mm. — Aserbaidschanische SSR (bei Baku) . . . .
B. (*S.*) *lateralis* (Walker 1868)

1* Männchen mit verkürzten Vorder- und Hinterflügeln, die nur die proximale Hälfte des Abdomens oder etwas mehr ($^1/_2$ bis $^2/_3$) bedecken. Weibchen mit lappenförmigen Elytrenrudimenten, deren Cubitalfurche distal nur schwach konvex ist Analfeld schmäler, lanzettförmig. — Nur 1 Art vorhanden . . . . 2. Subgenus *Blatta* Linné 1758

♂: Körper ziemlich schlank, schwarz- bis dunkelbraun. Abstand zwischen den Augen etwas größer als der zwischen den Antennen. Pronotum mit der größten Breite hinter der Mitte, sein Hinterrand leicht konvex. Vorderflügel braun bis dunkelbraun, ihre Costalarea gleichfarbig, distal deutlich abgestutzt. Hinterflügel bräunlich, etwa ebenso lang wie die Vorderflügel. Supraanalplatte trapezoid, etwa 3mal breiter als lang; ihr Hinterrand nahezu gerade. Hypandrium über den Hinterrand der Supraanalplatte hinwegreichend, der interstylare Teil seines Hinterrandes konvex. Beine rötlichbraun.

♀: Körper robust, schwarz bis schwarzbraun. Abstand zwischen den Augen bedeutend größer als der zwischen den Antennen. Pronotum mit der größten Breite nahezu am Hinterrande; der letztere gerade. Vorderflügel verkürzt, den Hinterrand des Metanotums nicht erreichend. Abstand zwischen den Elytren auf dem Rücken viel größer als die Elytrenbreite. Hinterflügel praktisch fehlend. Supraanalplatte etwa dreieckig, dachförmig, distal in der Mitte ausgerandet. Subgenitalplatte valvulär. — Körper-L. ♂ 20—25 mm, ♀ 18—30 mm; Pronotum-L. ♂ 5—6,3 mm, ♀ 6—7,2 mm; Elytren-L. ♂ 11,9—16,7 mm, ♀ 4,6—6,8 mm. — Freilebend nur: Krim, Kaukasien. . . . . *B.* (*B.*) *orientalis* Linné 1758

4. Fam. Blattellidae

Kleine bis mittelgroße Insekten (die europäischen Arten von höchstens 15 mm Körperlänge). Clypeus einfach. Vorder- und Hinterflügel (♂♀) sehr verschieden ausgebildet; sie können voll entwickelt, verkürzt oder zu seitlichen Lappen reduziert sein oder gar fehlen. Falls voll entwickelte Hinterflügel vorhanden sind, so fehlt das Apikaldreieck meistens vollständig. Nur selten kann ein Apikaldreieck vorhanden sein, dann aber ist es in der Ruhe gefaltet (nie spiralig eingerollt). Auch das Analfeld der Hinterflügel ist in der Ruhe fächerförmig gefaltet. Vorderer Unterrand der Vorderschenkel kann verschieden bewaffnet und mit 1—3 Distaldornen versehen sein. Unterränder der Mittel- und Hinterschenkel bedornt. Dorsum des Männchens mit oder ohne Rückendrüse. Tarsalklauen können symmetrisch oder asymmetrisch, spezialisiert (mit gezähnten Innenseiten) oder unspezialisiert sein. Arolien vorhanden oder fehlend. Hypandrium verschieden ausgebildet, mit oder ohne Styli. Subgenitalplatte des Weibchens ohne Valven. — Nur 1 Genus in Europa vorhanden.

Genus ***Loboptera*** Brunner v. W. 1865

Vorderflügel (♂♀) zu seitlichen Läppchen reduziert, die kaum über den Hinterrand des Mesonotums hinwegreichen. Hinterflügel (♂♀) fehlen vollständig. Vorderer Unterrand der Vorderschenkel nach Typ A bewaffnet (Fig. 3) und mit 3 Distaldornen versehen. Dorsum des männlichen Abdomens unspezialisiert, d. h. ohne Rückendrüse. Tarsalklauen symmetrisch, unspezialisiert. Arolien vorhanden. Hypandrium ohne Styli.

Bestimmungsschlüssel zu den europäischen Arten

1 Pronotum (♂♀) lateral mit rötlichbraunem Randsaum. — ♂♀. Kastanienbraun kurz, aber ziemlich dicht behaart. Abstand zwischen den Augen nahezu 2mal größer als die Augenlänge. Pronotum annähernd halbkreisförmig, mit rötlichbraunem Randsaum. Vorderflügel verkürzt, lanzettförmig, mit abgestumpfter Spitze, kaum über den Hinterrand des Mesonotums hinwegreichend. Supraanalplatte beim Männchen kurz und transversal, beim Weibchen etwa dreieckig, distal abgerundet. Hypandrium kurz, ohne Styli. Subgenitalplatte (♀) dicht behaart, mit konvexem Hinterrand. — Körper-L. 14 mm. — Kanaren, Azoren, Madeira
1. *L. fortunata* Krauss 1892

1* Pronotum (♂♀) lateral mit blaßgelblichem Randsaum. Körperoberfläche (♂♀) nur spärlich behaart. Subgenitalplatte (♀) kaum behaart 2

2 Der blaßgelbe Randsaum des Pronotums setzt sich auf das Meso- und Metanotum sowie auch auf die Abdominaltergite fort. — ♂♀: Glänzend schwarz, mit blaßgelblichem Randsaum auf den Thoraxsegmenten und Tergiten. Pronotum etwa halbkreisförmig; sein Hinterrand in der Mitte etwas nach hinten vorgezogen. Vorderflügel verkürzt, lanzettförmig, mit blaßgelblichem Außenrand, kaum den Hinterrand des Mesonotums überreichend. Supraanalplatte beim Männchen transversal, distal mit einem quadratischen (mitunter dreieckigen) Lappen versehen, beim Weibchen etwa dreieckig, distal abgerundet, über die Subgenitalplatte hinwegreichend. Subgenitalplatte (♀) spärlich behaart, mit leicht konvexem Hinterrand. Hypandrium dreieckig, distal abgestutzt, ohne Styli. — Körper-L. ♂ 8—12 mm, ♀ 10,5—13 mm; Pronotum-L. ♂ 2,5—3 mm, ♀ 3—3,2 mm; Elytren-L. ♂♀ 1,5—1,9 mm. — Madeira, Portugal, Spanien, Frankreich, Korsika, Sardinien, Sizilien, Italien, Jugoslawien, Albanien, Griechenland, Kreta, Bulgarien, Rumänien, Krim, Kaukasien 2. *L. decipiens* (Germar 1817)

2* Der blaßgelbe Randsaum nur auf das Pro-, Meso- und Metanotum beschränkt. — ♂♀: Schwarz. Kopf glänzend schwarz. Antennen braun. Maxillarpalpen schwarz; ihr viertes Glied kürzer als das dritte. Pronotum nahezu platt, mit einigen eingedrückten Punkten und spärlichen Härchen versehen. Vorderflügel verkürzt, sehr schmal, distal abgerundet. Der blaßgelbliche Randsaum der Vorderflügel und des Metanotums breiter als der des Pronotums. Abdomen nur spärlich behaart. Supraanalplatte beim Männchen mit gerade abgestutztem Hinterrand, der in der Mitte etwas ausgerandet ist, beim Weibchen dreieckig, mit abgerundeter Spitze. Hypandrium ebenfalls dreieckig. Subgenitalplatte (♀) mit konvexem Hinterrand. Beine schwarz. — Körper-L. ♂ 8,5 mm, ♀ 9,7 mm; Pronotum-L. ♂ 2,5 mm, ♀ 2,7 mm; Pronotum-Br. ♂ 3,4 mm, ♀ 3,9 mm; Elytren-L. ♂ 1,3 mm, ♀ 1,7 mm. — Kanaren . . 3. *L. canariensis* Chopard 1955

5. Fam. Ectobiidae

Ziemlich kleine Insekten (die europäischen Arten höchstens von 12 mm Körperlänge). Clypeus einfach. Vorder- und Hinterflügel (♂♀) können voll entwickelt, verkürzt oder zu seitlichen Lappen reduziert sein oder gar fehlen (nur Hinterflügel). Falls voll entwickelte Hinterflügel vorhanden, sind sie stets mit einem Apikaldreieck versehen, das in der Ruhe spiralig eingerollt ist. Je nachdem, ob das Apikaldreieck von nur 1 Ader (2A) oder von mindestens 2 Adern (1A und 2A) getragen wird, unterscheidet man 2 Subfamilien (Ectobiinae bzw. Theganopteryginae). Analfeld der Hinterflügel in der Ruhe stets fächerförmig gefaltet. Vorderer Unterrand der Vorderschenkel nach Typ A (Fig. 3) oder B (Fig. 4) bewaffnet und mit 2—3 Distaldornen versehen. Unterränder der Mittel- und Hinterschenkel stets bedornt. Dorsum des männlichen Abdomens mit oder ohne Rückendrüse. Tarsalklauen symmetrisch oder asymmetrisch. Arolien vorhanden. Subgenitalplatte (♀) ohne Valven. — Nur durch die Subfamilie Ectobiinae in Europa vertreten.

Subfam. ECTOBIINAE

Vorderflügel (♂♀) entweder voll entwickelt oder verkürzt oder zu seitlichen Lappen reduziert. Hinterflügel (♂♀) können voll entwickelt, verkürzt oder zu seitlichen Lappen reduziert sein oder gar fehlen. Apikaldreieck bei voll entwickelten Hinterflügeln stets von nur 1 Ader (2A) getragen (Fig. 1). Vorderer Unterrand der Vorderschenkel nach Typ B (Fig. 4) bewaffnet und mit 2 Distaldornen versehen. Tarsalklauen asymmetrisch.

Bestimmungsschlüssel zu den europäischen Genera

1 Vorderflügel leicht chitinisiert, flügelartig, bei den Männchen voll entwickelt oder nur unbedeutend verkürzt, bei den Weibchen entweder voll entwickelt oder stark verkürzt oder seltener zu seitlichen Lappen reduziert; Aderung gut entwickelt oder mindestens klar erkennbar. Hinterflügel bei den Männchen voll entwickelt, bei den Weibchen voll entwickelt, verkürzt oder gar fehlend. Die innere (längere) Tarsalklaue an ihrer Basis mit einigen mikroskopischen Zähnchen versehen (Vergrößerung bis 200× zu benutzen!) . . . . 1. Genus *Ectobius* Stephens 1835

1* Vorderflügel stark chitinisiert, elytrenartig, bei beiden Geschlechtern voll entwickelt oder in verschiedenem Grad verkürzt oder zu seitlichen Lappen reduziert; Aderung entweder gut sichtbar oder undeutlich. Hinterflügel (♂♀) entweder zu kleinen seitlichen Läppchen reduziert oder gar fehlend. Die innere Tarsalklaue ohne Zähnchen an ihrer Basis . . . .
2. Genus *Phyllodromica* Fieber 1853

1. Genus *Ectobius* Stephens 1835

Die Gattung ist in Europa durch 19 Arten vertreten, wozu noch einige Formen und Unterarten kommen. Für eine von diesen Arten, nämlich *E.* (*Ectobiola*) *duskei*, stellte Adelung eine besondere Gattung *Ectobiella* auf. Der Name *Ectobiella* erwies sich aber als präokkupiert und wurde demgemäß durch *Ectobiola* Uvarov ersetzt. *Ectobiola* ist aber nur im weiblichen Geschlecht sicher von *Ectobius* zu unterscheiden, und deswegen besser nach Bey-Bienko (1950) nur als eine Untergattung anzuerkennen. Man kann also 2 Untergattungen unterscheiden: *Ectobius* s. str. (Vorderflügel der Weibchen nie seitlich) und *Ectobiola* (Vorderflügel der Weibchen zu seitlichen Lappen reduziert). — Bei der Bestimmung der Weibchen ist zu beachten, daß sie schwer bestimmbar sind. Deshalb ist nach der Bestimmung stets ein Vergleich mit den betreffenden Männchen zu empfehlen.

Bestimmungsschlüssel zu den europäischen Arten

1 Männchen 2

1* Weibchen 20

2 Pronotumscheibe bräunlichgelb, vorn und seitlich von einem schwarzen bis schwarzbraunen, hufeisenförmigen, scharf umrissenen Streifen umgrenzt. Drüsengrube des 7. Tergits ohne Zäpfchen (Fig. 10). — Kopf zwischen den Augen mit schwarzer bis schwarzbrauner Querbinde, welche

einen gleichfarbigen Längsstreifen entsendet, der bis zu den Mundteilen reicht. Pronotum mit einer schwarzen hufeisenförmigen Figur versehen, deren Distalenden den Hinterrand des Pronotums nicht erreichen. Hinterrand des Pronotum konvex, Schulterecken gerundet, nicht vorragend. Vorderflügel blaßgrau, weit über die Abdomenspitze hinwegreichend; in der Regel unscharf gescheckt (Zwischenräume dunkler als die umrahmenden Adern) und mit einigen schwarzbraunen Flecken (hauptsächlich den Längsadern entlang) versehen. Tergite im allgemeinen hell, aber lateral beiderseits mit je einem dunklen Längsstreifen, der von dem 2. bis zum 6. oder 7. Tergit reicht. Beine hellgrau. — Körper.-L. 7—7,5 mm; Pronotum-L. 1,5—2,1 mm; Elytren-L. 6,1—7,2 mm. — In der Steppenzone des europ. Teils der UdSSR, nordwärts bis Krasnograd — Waluiki — Saratow — Uralsk — Tschkalow — Orsk, südwärts bis Simferopol — Kertsch — Nowotscherkask — Baskuntschaksee; der westlichste z. Z. bekannte Fundort ist Askania Nova (Prov. Cherson) . . . .
1. *E.* (*Ectobiola*) *duskei* Adelung 1904

2* Pronotumscheibe einfarbig schwarz, rotbraun oder gelblich. Bei rotbraunen Pronotumscheiben kommt es manchmal vor, daß die Scheibe vorn und seitlich dunkler umsäumt ist, aber dann ist der innere Rand des dunklen hufeisenförmigen Streifens verwaschen und nie scharf umrissen 3

3 Drüsengrube des 7. Tergits mit einer longitudinalen Leiste (Fig. 11) oder mit einem Zäpfchen (Fig. 14) ausgestattet 4

3* Drüsengrube des 7. Tergits weder mit Leiste noch mit Zäpfchen ausgestattet 15

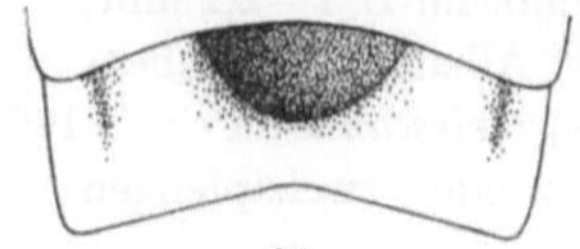
10

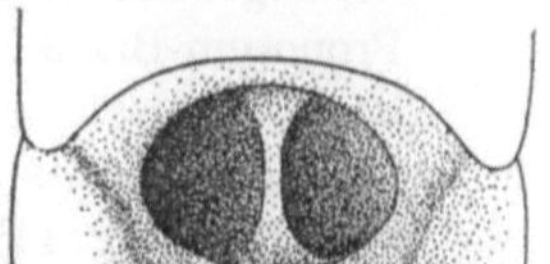
11

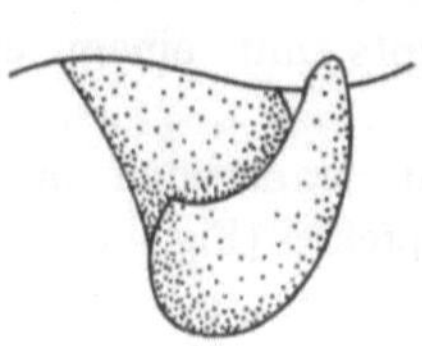
13

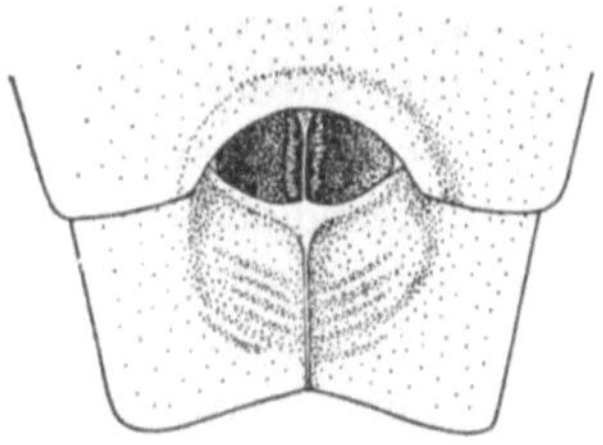
12

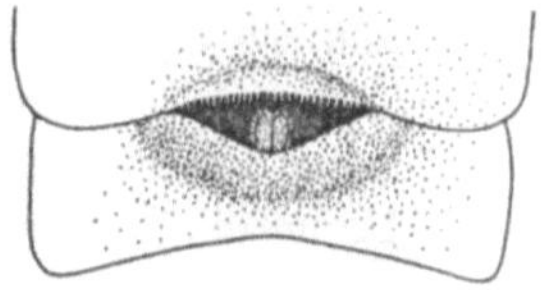
14

Fig. 10—14 **10** *Ectobius* (*Ectobiola*) *duskei* Adelung, ♂. Drüsengrube des 7. Tergits. **11** *Ectobius* (*Ectobius*) *montanus* A. Costa, ♂. Drüsengrube des 7. Tergits. Nach Ramme. **12** *Ectobius* (*Ectobius*) *frieseanus* Princis, ♂. Drüsengrube des 7. Tergits. **13** *Ectobius* (*Ectobius*) *frieseanus* Princis, ♂. Ventralansicht des Stylus. **14** *Ectobius* (*Ectobius*) *albicinctus* (Brunner v. W.), ♂. Drüsengrube des 7. Tergits. Nach Ramme.

4 Drüsengrube des 7. Tergits mit einer longitudinalen Leiste versehen . . 5
4* Drüsengrube des 7. Tergits mit einem Zäpfchen versehen 6
5 Pronotumscheibe schwarz. Die longitudinale Leiste der Drüsengrube dicker, unbehaart (Fig. 11). — Pronotum transversal, sein Vorderrand nur mäßig konvex. Pronotumscheibe schwarz, die Seitenflügel des Pronotum aufgehellt. Vorderflügel über die Spitzen der Cerci hinwegreichend, dunkelbraun, unregelmäßig heller gefleckt. Abdomenoberseite schwarz, mit kontrastierend elfenbeinfarbiger Drüsengrube, die sehr breit ist. Beine schwarz mit gelben Dornen. Bei Costa heißt es, daß das Weibchen braune Pronotumscheibe und braune Vorderflügel hat. Sollte es stimmen, so kann man vermuten, daß es auch hell gefärbte Männchen gibt. — Körper-L. 7,5—8 mm. — Italien (Abruzzen) . . . .
2. *E.* (*Ectobius*) *montanus* A. Costa 1866
(= *Ectobia lapponica* var. *nigra* Ebner 1915, syn. nov.)
5* Pronotumscheibe bernsteingelb. Die longitudinale Leiste der Drüsengrube feiner und beiderseits mit verklebten Härchen versehen (Fig. 12). Distalwärts von der Drüsengrube beiderseits feine, schräg gerichtete Rinnen vorhanden. — Fast einfarbig bernsteingelb mit schwach ausgeprägter brauner Fleckung auf den Vorderflügeln und dem Abdomen. Vorderrand des Pronotums gerundet, nicht abgestutzt. Vorderflügel über das Abdomenende hinwegreichend, mit kleinen blaßbraunen Fleckchen versehen, die den Adern entlang angeordnet sind. Hinterflügel durchsichtig, etwa ebenso lang wie die Vorderflügel. Das letzte Glied der Cerci verhältnismäßig kurz, nur etwas länger als das vorletzte Glied. Stylus wie abgebildet (Fig. 13). — Körper-L. 8—9 mm; Pronotum-L. 2—2,2 mm; Pronotum-Br. 3,2 mm; Elytren-L. 7—7,2 mm. — Albanien, Griechenland? . . . . 3. *E.* (*Ectobius*) *frieseanus* Princis 1963
6 Drüsengrube des 7. Tergits mit einem zweiteiligen oder zweizipfeligen Zäpfchen (Fig. 14) versehen 7
6* Drüsengrube des 7. Tergits mit einem einfachen Zäpfchen versehen (Fig. 21) 10
7 Drüsengrube des 7. Tergits transversal, mit einem feinen, ganz kurz beborsteten zweiteiligen Zäpfchen (Fig. 14). — Kopf schwarz, zwischen den Augen braun. Pronotum schwarz, ringsum weißlich gesäumt. Vorderflügel über die Abdomenspitze hinwegreichend, lanzettlich, mit hellen Adern und schwarzbraunen Zwischenräumen der Aderung; Vorderrand schwarz, Costalfeld hell. Hinterflügel etwa ebenso lang wie die Vorderflügel, graubraun. Beine schwarz mit braunen Dornen. — Körper-L. 6,5—7 mm; Pronotum-L. 2 mm; Pronotum-Br. 3 mm; Elytren-L. 6 mm. — Italien, Jugoslawien, Rumänien . . . .
4. *E.* (*Ectobius*) *albicinctus* (Brunner v. W. 1861)
7* Drüsengrube des 7. Tergits rundlich (Fig. 15, 17) 8
8 Zäpfchen der Drüsengrube transversal, mit 2 nebeneinander stehenden Härchenbüschelchen versehen, die mitunter miteinander verschmolzen sind (Fig. 15). — Pronotum breit, mit rostroter Scheibe und durchsichtigen

Seiten. Vorderflügel weit über das Abdomenende hinwegreichend, matt gelblichbraun, in ihrer ganzen Ausdehnung mit feinen dunkelbraunen Punkten übersät. Hinterflügel durchsichtig, etwa ebenso lang wie die Vorderflügel. Abdomen oberseits gelblich, unterseits kastanienbraun mit gelblichen Seitenrändern. Cerci und Beine hellgelblichbraun. Stylus wie abgebildet (Fig. 16). — Körper-L. 11—14 mm. — Italien, Jugoslawien, Albanien, Bulgarien . . . . . . 5. *E.* (*Ectobius*) *punctatissimus* Ramme 1922

8* Zäpfchen der Drüsengrube des 7. Tergits longitudinal (Fig. 17) 9

9 Drüsengrube des 7. Tergits elliptisch (Fig. 17). Stylus wie abgebildet (Fig. 18). — Kopf fast ganz schwarz oder wenigstens Gesicht schwarz. Pronotumscheibe schwarz bis braun mit unscharfen, verwaschenen Rändern, Seiten des Pronotums durchsichtig; die größte Breite des Pronotums hinter der Mitte. Vorderflügel lanzettlich, meistens über die Spitzen der Cerci hinwegreichend, bräunlichgelb bis grau, gescheckt und mit größeren Flecken dem Radius entlang. Hinterflügel leicht gebräunt, etwa ebenso lang wie die Vorderflügel. Abdomenunterseite schwarz, mitunter aber sind die Hinterränder der Sternite hell gesäumt. Beine schwarz oder schwarzbraun, mit gelblichen Dornen. — Körper-L. 9—13 mm; Pronotum-L. 2—2,3 mm; Elytren-L. 7,8—10,6 mm. — Fast ganz Europa von den Britischen Inseln, Holland, Belgien und Frankreich ostwärts bis zum Ural, die polaren Gebiete inbegriffen, und südwärts bis N-Italien, Jugoslawien, Bulgarien und Rumänien . . . . 6. *E.* (*Ectobius*) *lapponicus* (Linné 1758)

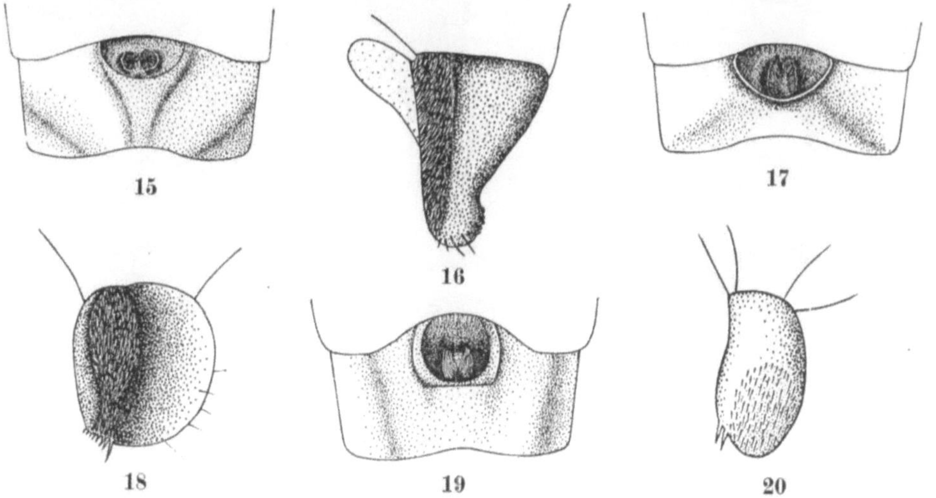

Fig. 15—20 **15** *Ectobius* (*Ectobius*) *punctatissimus* Ramme, ♂. Drüsengrube des 7. Tergits. **16** *Ectobius* (*Ectobius*) *punctatissimus* Ramme, ♂. Dorsalansicht des Stylus. **17** *Ectobius* (*Ectobius*) *lapponicus* (Linné), ♂. Drüsengrube des 7. Tergits. **18** *Ectobius* (*Ectobius*) *lapponicus* (Linné), ♂. Dorsalansicht des Stylus. **19** *Ectobius* (*Ectobius*) *servillei* Fernandes, ♂. Drüsengrube des 7. Tergits. **20** *Ectobius* (*Ectobius*) *servillei* Fernandes, ♂. Dorsalansicht des Stylus.

a. Pronotum ganz schwarz, auch sonst schwärzlich übergossen. — Lappland . . . . f. *infumata* Ramme 1923

b. Pronotumscheibe vorn bräunlich aufgehellt. — Vereinzelt unter der Nominatform vorkommend . . . . f. *pallens* Ramme 1923

9* Drüsengrube des 7. Tergits kreisrund (Fig. 19). Stylus wie abgebildet (Fig. 20). — Kopf blaßgelb mit einer weißlichen Querbinde zwischen den Augen. Pronotumscheibe bräunlichgelb mit kastanienbraunen Punkten, die bisweilen zu größeren Flecken zusammenfließen können; Seiten des Pronotums breit hyalin. Vorderflügel über das Abdomenende hinwegreichend, lanzettlich, bräunlichgelb mit zahlreichen kastanienbraunen Punkten. Abdomen ober- und unterseits blaß- bis bräunlichgelb, entweder mit zerstreuten kastanienbraunen Flecken oder mit zwei lateralen Längsstreifen von gleicher Färbung. Beine bräunlichgelb. — Körper-L. 6—10,5 mm; Elytren-L. 5—8,5 mm. — S-Frankreich, Balearen, Spanien, Portugal und Madeira . . 7. *E.* (*Ectobius*) *servillei* *) Fernandes 1962

10 Drüsengrube mit ihrem Hinterrand etwa bis zur Mitte des 7. Tergits reichend oder etwas darüber hinwegreichend 11

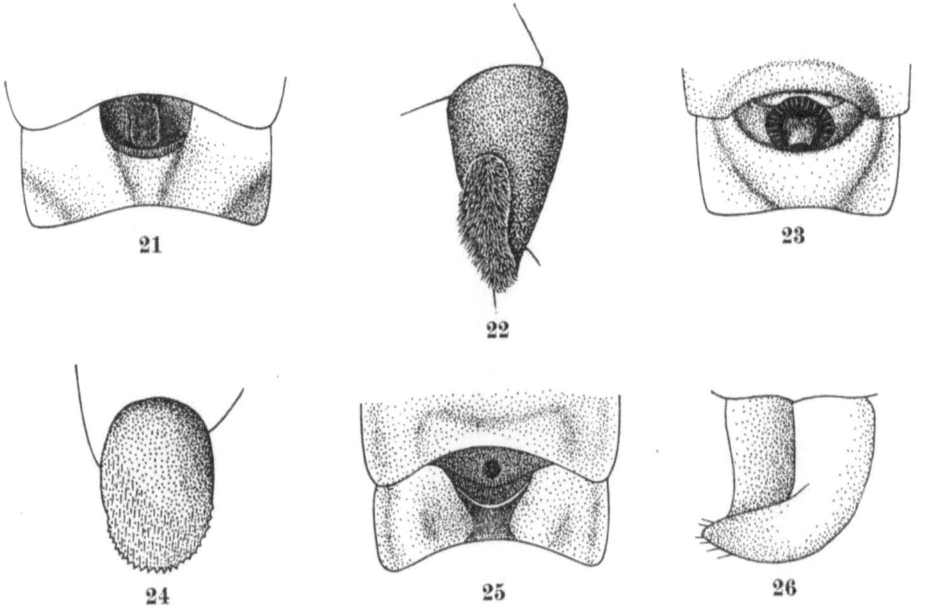

Fig. 21—26 **21** *Ectobius* (*Ectobius*) *balcani* Ramme, ♂. Drüsengrube des 7. Tergits. **22** *Ectobius* (*Ectobius*) *balcani* Ramme, ♂. Dorsalansicht des Stylus. **23** *Ectobius* (*Ectobius*) *panzeri* Stephens, ♂. Drüsengrube des 7. Tergits. **24** *Ectobius* (*Ectobius*) *panzeri* Stephens, ♂. Dorsalansicht des Stylus. **25** *Ectobius* (*Ectobius*) *erythronotus* Burr, ♂. Drüsengrube des 7. Tergits. Nach Ramme. **26** *Ectobius* (*Ectobius*) *erythronotus* Burr, ♂. Ventralansicht des Stylus. Nach Bazyluk.

*) Wahrscheinlich gehört auch *Ectobia haeckeli* Bolívar (Anal. Soc. esp. Hist. nat. V, 1876, p. 118) hierher. Sollte dies der Fall sein, müßte die vorliegende Art *Ectobius haeckeli* Bolívar heißen.

10* Drüsengrube mit ihrem Hinterrand bei weitem nicht bis zur Mitte des 7. Tergits reichend 13

11 Drüsengrube rundlich, mit ihrem Hinterrand etwa bis zur Mitte des 7. Tergits reichend (Fig. 21). Stylus wie abgebildet (Fig. 22). – Pronotumscheibe tiefschwarz, nur selten am Vorderrand ein wenig aufgehellt oder im ganzen graubräunlich mit verwaschenem gelblichem Mittelfleck. Vorder- und Hinterflügel über das Abdomenende hinwegreichend. Abdomenunterseite schwarz, Tergite hell gesäumt, Beine schwarz. – Körper-L. 8–10 mm. – Österreich, Tschechoslowakei, Ungarn, Jugoslawien, Albanien, Griechenland, Bulgarien, Rumänien, Kaukasien ? . . . . . .
8. *E.* (*Ectobius*) *balcani* Ramme 1923

11* Drüsengrube transversal (Fig. 23, 25) 12

12 Drüsengrube in ihrer Mitte mit einer Vertiefung versehen, in der das beborstete Zäpfchen sitzt (Fig. 23); Hinterrand der Drüsengrube etwa bis zur Mitte des 7. Tergits reichend. Stylus wie abgebildet (Fig. 24). – Matt- bis graugelblich. Kopf braun mit einer gelben Querbinde zwischen den Augen. Pronotumscheibe rostbraun, mehr oder weniger heller gefleckt; Seiten des Pronotums breit hyalin. Vorderflügel lanzettlich, das Abdomen überragend, auf den Adern fein dunkelbraun punktiert. Hinterflügel gebräunt, etwa ebenso lang wie die Vorderflügel. Abdomen und Beine braun, nur Hinterränder der Sternite schmal weißlich gesäumt. – Körper-L. 6,5–6,8 mm; Elytren-L. 6,5–7,5 mm. – S-England, Holland, Belgien, W-Deutschland, N-Frankreich 9. *E.* (*Ectobius*) *panzeri* Stephens 1835
a. Pronotumscheibe und Beine ganz verdunkelt . . . f. *nigripes* Stephens 1835

12* Keine besondere Vertiefung in der Mitte der Drüsengrube vorhanden (Fig. 25); Hinterrand der Drüsengrube deutlich über die Mitte des 7. Tergits hinwegreichend. Stylus wie abgebildet (Fig. 26). – Kopf dunkel- bis schwarzbraun, auf dem Vertex zwischen den Augen heller. Pronotumscheibe von gelbgrau bis braun und schwarz, manchmal in der Mitte mehr oder weniger aufgehellt. Seiten des Pronotums durchsichtig, oft mit dunklen Punkten versehen. Vorderflügel gelblich, mit braunen bis schwarzen Punkten und Flecken. Hinterflügel deutlich gebräunt. Abdomenunterseite dunkelbraun bis pechschwarz, nur Hinter- und Seitenränder der Sternite hell. Oberseite des Abdomens in der Regel heller als die Unterseite. Beine dunkelbraun bis pechschwarz, ihre Dornen schmutziggelb; bisweilen sind Tibien und Tarsen oder nur die Tarsen allein heller als die übrigen Teile der Beine. Cerci in nördlichen Teilen des Verbreitungsgebietes kurz und breit, wobei das Endglied nur unbedeutend länger als das vorletzte Glied ist; südwärts dagegen werden die Cerci allmählich länger und schmäler, wobei ihr Endglied bedeutend das vorletzte Glied in der Länge übertrifft. – Körper-L. 8–11,5 mm. – S-Deutschland, Schweiz, Tschechoslowakei, Ungarn, Österreich, Italien, Jugoslawien, Albanien ?, Griechenland, Bulgarien, Rumänien, Polen, Moldauische SSR, Ukrainische SSR, Lettländische SSR 10. *E.* (*Ectobius*) *erythronotus* Burr 1913
Bazyluk (Annales zoologici XIX, No. 11, 1961) unterscheidet 4 Unterarten:

a. Pronotumscheibe rotbräunlich. Endglied der Cerci 1,5- bis 2mal länger als das vorletzte Glied (Fig. 27). — S-Deutschland, Schweiz, Tschechoslowakei, Österreich, Italien, Jugoslawien, Griechenland, Bulgarien, Rumänien. . . . . *erythronotus erythronotus* Burr 1913

b. Pronotumscheibe bräunlichgelb. Endglied der Cerci etwa 1,5mal länger als das vorletzte Glied (Fig. 28). — Jugoslawien (Deliblato) . . *erythronotus burri* Adelung 1916

c. Pronotumscheibe braun. Endglied der Cerci mehr als 1,5mal länger als das vorletzte Glied (Fig. 29). — Ungarn . . . . *erythronotus nigricans* Ramme 1923

d. Pronotumscheibe dunkelbraun bis schwarz. Endglied der Cerci nur wenig länger als das vorletzte Glied (Fig. 30). — Polen, Lettländische SSR . . . . *erythronotus ater* Bazyluk 1961

13 Auf dem 7. Tergit distalwärts von der Drüsengrube beiderseits feine, unregelmäßige Buckelchen vorhanden (Fig. 31). Stylus wie abgebildet (Fig. 32). — Einfarbig bernsteingelb. Pronotum transversal, sein Vorderrand deutlich abgestutzt. Vorder- und Hinterflügel über das Abdomenende hinwegreichend. Distalende des Stylus gerundet. — Körper-L. 8,8—9,5 mm. — Sizilien . . . . . 11. *E.* (*Ectobius*) *kraussianus* Ramme 1923

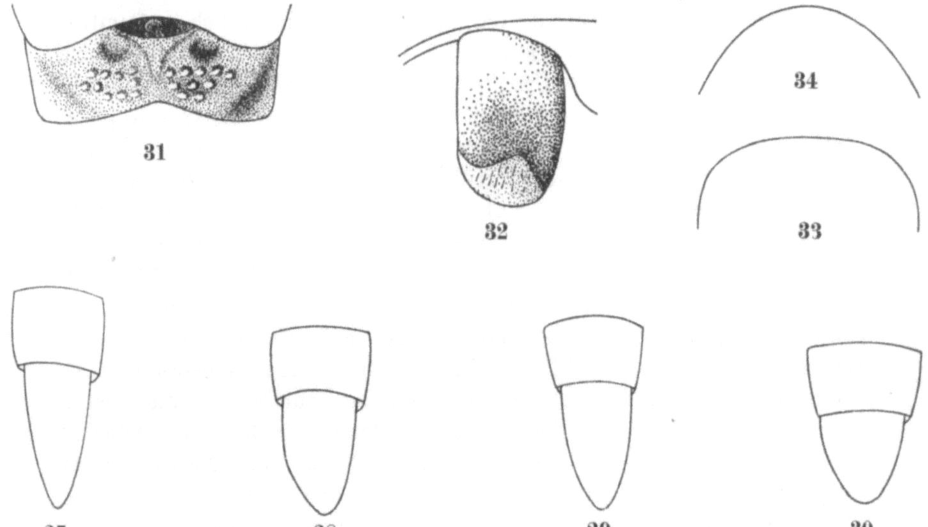

Fig. 27—34 **27** *Ectobius* (*Ectobius*) *erythronotus erythronotus* Burr. Zwei letzte Glieder der Cerci. Nach Bazyluk. **28** *Ectobius* (*Ectobius*) *erythronotus burri* Adelung. Zwei letzte Glieder der Cerci. Nach Bazyluk. **29** *Ectobius* (*Ectobius*) *erythronotus nigricans* Ramme. Zwei letzte Glieder der Cerci. Nach Bazyluk. **30** *Ectobius* (*Ectobius*) *erythrorotus ater* Bazyluk. Zwei letzte Glieder der Cerci. Nach Bazyluk. **31** *Ectobius* (*Ectobius*) *kraussianus* Ramme, ♂. Drüsengrube des 7. Tergits. **32** *Ectobius* (*Ectobius*) *kraussianus* Ramme, ♂. Ventralansicht des Stylus. **33** *Ectobius* (*Ectobius*) *aetnaeus* Ramme, ♂. Vorderrand des Pronotums. Nach Ramme. **34** *Ectobius* (*Ectobius*) *nicaeensis* (Brisout), ♂. Vorderrand des Pronotums. Nach Ramme.

13* Auf dem 7. Tergit keine solchen Buckelchen vorhanden. Stylus anders gestaltet 14

14 Elytren-L. über 6,5 mm. Vorderrand des Pronotums mehr konvex (Fig. 33). — Mattbräunlich. Antennen schmutzig dunkelgelb. Pronotumscheibe nußbraun, am Vorderrand und in der Mitte des Hinterrandes mit elfenbeinfarbigen Flecken; mit einem elfenbeinfarbigen sagitalen Strich in der vorderen Hälfte der Scheibe und einer w-förmigen Zeichnung von gleicher Färbung auf dem Metanotum. Abdomen oberseits hell ockerfarbig mit verdunkelter basaler Hälfte, unterseits ebenfalls hell ockerfarbig mit zwei nußbraunen Seitenstreifen. Drüsengrube etwa zwei Drittel so breit wie das Abdomen an der gleichen Stelle. Beine schmutziggelblich. Cerci ockerfarbig. — Körper-L. 10,1 mm; Pronotum-L. 2,3 mm; Elytren-L. 8,3 mm. Weibchen noch unbekannt. — Sizilien (Ätnagebiet) 12. *E.* (*Ectobius*) *actnacus* Ramme 1927

14* Elytren-L. unter 6,5 mm. Vorderrand des Pronotums weniger konvex (Fig. 34). Drüsengrube des 7. Tergits und Stylus wie abgebildet (Fig. 35 bzw. 36). — Kopf braun mit einer gelben, braun punktierten Querbinde zwischen den Augen. Pronotumscheibe braun, Seiten des Pronotums breit weißlich mit braunen Pünktchen. Vorder- und Hinterflügel etwa bis zur Mitte der Cerci reichend. Unterseite des Abdomens schwarz, Hinterränder

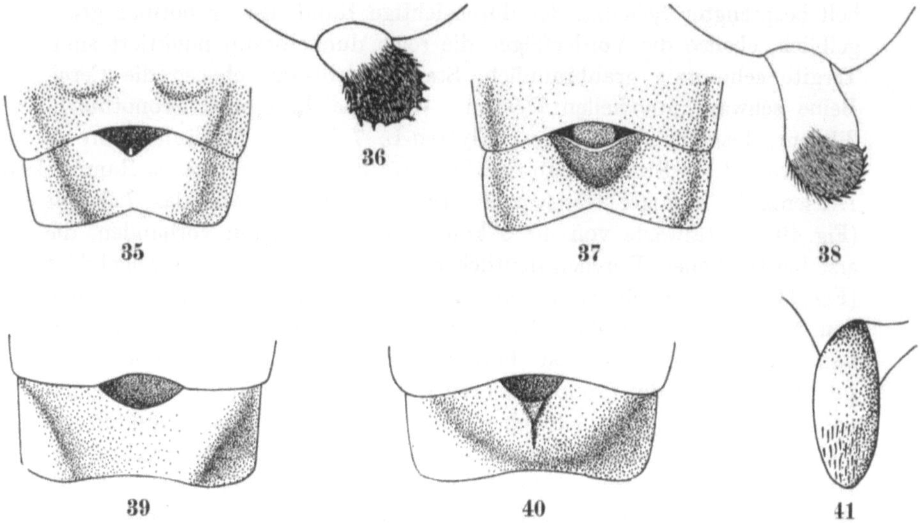

Fig. 35—41 **35** *Ectobius* (*Ectobius*) *nicaeensis* (Brisout), ♂. Drüsengrube des 7. Tergits. Nach Ramme. **36** *Ectobius* (*Ectobius*) *nicaeensis* (Brisout), ♂. Dorsalansicht des Stylus. Nach Chopard. **37** *Ectobius* (*Ectobius*) *corsorum* Ramme, ♂. Drüsengrube des 7. Tergits. Nach Ramme. **38** *Ectobius* (*Ectobius*) *corsorum* Ramme, ♂. Dorsalansicht des Stylus. Nach Chopard. **39** *Ectobius* (*Ectobius*) *siculus* Ramme, ♂. Drüsengrube des 7. Tergits. **40** *Ectobius* (*Ectobius*) *pallidus* (Olivier), ♂. Drüsengrube des 7. Tergits. **41** *Ectobius* (*Ectobius*) *pallidus* (Olivier), ♂. Dorsalansicht des Stylus.

der Sternite schmal weißlich gesäumt. Beine schwarzbraun mit gelben Tarsen. — Körper-L. 6,5—7 mm; Elytren-L. 5 mm. — S-Frankreich, Spanien . . . . 13. *E.* (*Ectobius*) *nicaeensis* (Brisout 1852)

15 Hinterrand der Drüsengrube die Mitte des 7. Tergits bei weitem nicht erreichend (Fig. 37) 16

15* Hinterrand der Drüsengrube etwa bis zur Mitte des 7. Tergits reichend oder noch darüber hinwegreichend (Fig. 42) 18

16 Boden der Drüsengrube mit einer flachen Erhöhung in der Mitte (Fig. 37). Stylus wie abgebildet (Fig. 38). — Kopf braun mit einer gelblichen Querbinde zwischen den Augen. Pronotumscheibe sehr variabel: meistens mit zwei unregelmäßigen braunen Längsstreifen, die bisweilen zu einem großen Fleck zusammenfließen können, bisweilen aber zu kleinen Flecken an den latero-kaudalen Ecken der Scheibe reduziert sind; Seiten des Pronotums breit hyalin. Vorderflügel gelblich, unregelmäßig braun gefleckt. Hinterflügel etwa ebenso wie die Vorderflügel. Abdomen ober- und unterseits mit je zwei lateralen Längsstreifen. — Körper-L. 8,5—9,2 mm; Pronotum-L. 2 mm; Pronotum-Br. 3 mm; Elytren-L. 8 mm. — Korsika . . .
14. *E.* (*Ectobius*) *corsorum* Ramme 1923

16* Boden der Drüsengrube ohne eine solche Erhöhung in der Mitte . . . 17

17 Drüsengrube mehr transversal, etwa halb so breit wie das 7. Tergit (Fig. 39). — Antennen schwarz. Pronotum mit schwarzer, an den Rändern hell besprengter Scheibe; der durchsichtige Rand des Pronotums graugelblich, ebenso die Vorderflügel, die reich dunkelbraun punktiert sind. Tergite schmutzig graubräunlich, Sternite schwarz, ebenso die Cerci. Beine schwarz mit hellen Dornen. — Körper-L. 9 mm; Pronotum-L. 2,1 mm; Pronotum-Br. 3 mm; Elytren-L. 7,6 mm. Weibchen noch unbekannt. — Sizilien (San Cataldo) 15. *E.* (*Ectobius*) *siculus* Ramme 1949

17* Drüsengrube weniger transversal, etwa 1/4 so breit wie das 7. Tergit (Fig. 40); distalwärts von ihr 3 konvergierende Leisten vorhanden, die erst bei trockenen Tierchen deutlich hervortreten. Stylus wie abgebildet (Fig. 41). — Kopf gelblich mit einer kastanienbraunen Querbinde zwischen den Augen (mitunter statt der Querbinde kastanienbraune Punkte vorhanden). Pronotumscheibe bräunlichgelb, bisweilen kastanienbraun punktiert; Seiten des Pronotums breit hyalin. Vorderflügel das Abdomenende nicht überragend, gelblich mit kleinen rötlichbraunen Punkten auf den Adern, vor allem in der vorderen Hälfte, die fast durchsichtig ist. Hinterflügel hyalin, etwa ebenso lang wie die Vorderflügel. Unterseite des Abdomens sowie Beine gelblich; manchmal ist jedoch Unter- sowie Oberseite des Abdomens mit zwei braunen lateralen Längsstreifen versehen. Der von Galvagni (Mem. Mus. Stor. nat. Verona VI, 1959, p. 291) beschriebene *E. rammei* ist offenbar lediglich ein Synonym von *E. pallidus*; dazu ist auch der Name schon vergeben (vgl. Rehn, Ark. Zool. XVIII A: 18, 1926, p. 5). — Körper-L. 8—9,5 mm; Elytren-L. 8,5—10 mm. — S-England, S-Rheinland, Belgien, Frankreich, Italien, Spanien, Portugal
16. *E.* (*Ectobius*) *pallidus* (Olivier 1789)

Fernandes (1962) unterscheidet 2 Unterarten:

a. Kopf mit kastanienbrauner Querbinde zwischen den Augen. — S-England, S-Rheinland, Belgien, Frankreich, Italien . . . . *pallidus pallidus* (Olivier 1789)

b. Kopf mit kastanienbraunen Punkten zwischen den Augen. — Frankreich, Spanien, Portugal . . . . *pallidus punctulatus* (Fieber 1853)

c. Außerdem gibt es noch eine Form mit markanterer dunkler Punktierung des Pronotums und der Elytren sowie mit je einer dunkelbraunen Längsbinde beiderseits der Medianlinie der Abdomenunterseite. — S-Tirol, Oberitalien, Frankreich . . . . . . f. *chopardi* Adelung 1916

18 Hinterrand der Drüsengrube etwas weiter vom Hinterrande des 7. Tergits entfernt (Fig. 42). Stylus wie abgebildet (Fig. 43). — Bernsteingelb. Pronotumscheibe bräunlich, Seiten des Pronotums breit hyalin. Vorderflügel weit über das Abdomenende hinwegreichend, einfarbig bernsteingelb; Hinterflügel durchsichtig, etwa ebenso lang wie die Vorderflügel. Unterseite des Abdomens mit 3 breiten braunen Längsstreifen versehen. — Körper-L. 9,1—14,8 mm; Elytren-L. 11—12,3 mm. — S-Schweiz, Italien, Jugoslawien, Griechenland ?, Bulgarien, Rumänien, Kaukasien . . . 17. *E.* (*Ectobius*) *vittiventris* A. Costa 1847

18* Hinterrand der Drüsengrube nahezu den Hinterrand des 7. Tergits erreichend (Fig. 44) 19

19 Pronotumscheibe schwarz oder rötlichbraun, mit scharf umrissenen Rändern. Hinterrand der Drüsengrube stärker konvex (Fig. 44). Stylus an der Basis verschmälert (Fig. 45). — Kopf schwarz bis rötlichbraun, auf dem Vertex etwas heller. Pronotumscheibe schwarz bis rötlichbraun, mit scharf umrissenen Rändern, die nach außen elfenbeinfarbig gesäumt sind; Seiten des Pronotums gelblich, durchsichtig. Vorderflügel lanzettlich, weit über das Abdomenende hinwegreichend, bräunlichgelb mit einigen größeren dunkelbraunen Flecken und Punkten auf den Adern. Hinter-

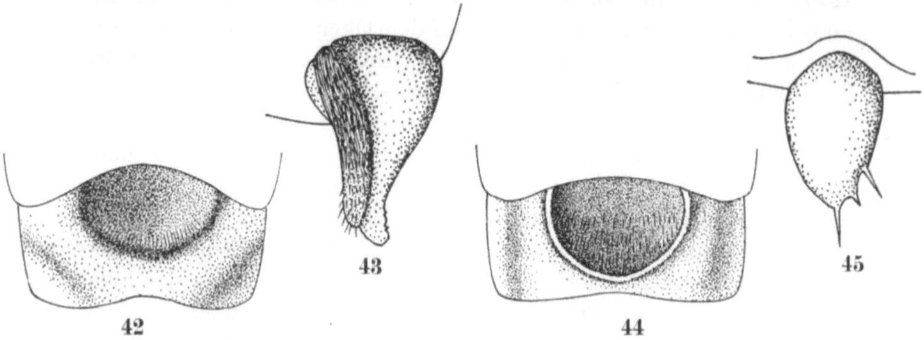

Fig. 42—45 **42** *Ectobius* (*Ectobius*) *vittiventris* A. Costa, ♂. Drüsengrube des 7. Tergits. **43** *Ectobius* (*Ectobius*) *vittiventris* A. Costa, ♂. Dorsalansicht des Stylus. **44** *Ectobius* (*Ectobius*) *silvestris* (Poda), ♂. Drüsengrube des 7. Tergits. **45** *Ectobius* (*Ectobius*) *silvestris* (Poda), ♂. Dorsalansicht des Stylus.

flügel leicht gebräunt, etwa ebenso lang wie die Vorderflügel. Abdomen unterseits einfarbig schwarz oder die Hinterränder der Sternite schmal heller gesäumt. Beine schwarzbraun bis schwarz, mit bräunlichgelben Tarsen und Dornen. — Körper-L. 9,8—11 mm; Pronotum-L. 2—2,1 mm; Elytren-L. 9,5—11,3 mm. — Schweden (selten), Dänemark, Holland, Belgien, Frankreich, Deutschland, Schweiz, N-Italien, Österreich, Ungarn, Jugoslawien, Bulgarien, Rumänien, Polen, europ. Teil der UdSSR, Finnland . . . . 18. *E.* (*Ectobius*) *silvestris* (Poda 1761)

a. Pronotumscheibe rötlichbraun. — Überall unter der Nominatform . . f. *discrepans* Adelung 1916

19* Pronotumscheibe bräunlichgelb, mitunter lateral mit schwarzbrauner Umsäumung. Hinterrand der Drüsengrube schwächer konvex (Fig. 46). Stylus an der Basis verbreitert. — Kopf blaßbraun, zwischen den Augen gelblich. Pronotumscheibe rötlichbraun, elfenbeinfarbig gesäumt, oft in der Mitte heller; Seiten des Pronotums durchsichtig. Vorderflügel einfarbig bräunlichgelb, in der vorderen Hälfte nahezu durchsichtig, weit über das Abdomenende hinwegreichend. Hinterflügel durchsichtig, etwa ebenso lang wie die Vorderflügel. Abdomenunterseite schwarz, beiderseits mit schmalem gelbem Randsaum. Beine gelblich. — Körper-L. 9,5 bis 13,5 mm; Pronotum-L. 2,5—2,6 mm; Elytren-L. 9—11,5 mm. — S-Deutschland, Frankreich, Schweiz, Ungarn, Jugoslawien, Spanien, Portugal . . . . 19. *E.* (*Ectobius*) *lucidus* (Hagenbach 1822)

Fernandes (1962) unterscheidet 2 Unterarten:

a. Größer. Vorderflügel ohne dunkle Punkte und Flecken. Körper-L. 11—13,5 mm; Elytren-L. 9—11,5 mm. — S-Deutschland, Frankreich, Spanien, Schweiz, Ungarn, Jugoslawien . . . *lucidus lucidus* (Hagenbach 1822)

b. Kleiner. Vorderflügel mit kastanienbraunen Punkten und Flecken. Körper-L. 9,5—11 mm; Elytren-L. 8—9 mm. — Portugal und Spanien (Galizien) längs der atlantischen Küste . . . . . *lucidus brunneri* Seoane 1879

20 Vorderflügel zu seitlichen Lappen reduziert (Subgenus *Ectobiola* Uvarov 1940). — Kopf mit einem schwarzen bis schwarzbraunen Längsstreifen und einer gleichfarbigen Querbinde auf dem Okciput versehen. Körperoberseite mit je einem breiten schwarzen Längsstreifen beiderseits der Medianlinie und einem schmalen, stellenweise unterbrochenen Längsstreifen längs der Medianlinie; die beiden lateralen Längsstreifen fließen am Vorderrand des Pronotums zusammen und bilden auf dem Pronotum eine hufeisenförmige Figur, die breiter ist als beim ♂. Hinterrand des Pronotums gerade, Schulterecken vorragend. Vorderflügel verkürzt, kaum über den Hinterrand des Mesonotums hinwegreichend. Meso- und Metanotum beiderseits lateral mit je einem schwarzen Längsstreifen (Fortsetzung des hufeisenförmigen Streifens des Pronotums) versehen, welcher sich auf den Tergiten fortsetzt. Oothek kurz, etwa 3,2—3,5 mm lang und 2 mm breit, glatt, durch kaum wahrnehmbare Querstreifen in 8 Kämmerchen geteilt; Kamm der Oothek aus 15—17 gerundeten Zähnchen bestehend, die durch rundliche oder leicht eckige Einkerbungen voneinander getrennt sind. —

Körper-L. 6,5—7 mm; Pronotum-L. 1,5—2 mm; Elytren-L. 1,5—1,6 mm. — In der Steppenzone des europ. Teils der UdSSR, nordwärts bis Krasnograd — Waluiki — Saratow — Uralsk — Tschkalow — Orsk, südwärts bis Simferopol — Kertsch — Nowotscherkask — Baskuntschaksee . . . . 1. *E.* (*Ectobiola*) *duskei* Adelung 1904

20* Vorderflügel nie seitlich (Subgenus *Ectobius* Stephens 1935) 21

21 Distalende der Vorderflügel quer abgestutzt 22

21* Distalende der Vorderflügel nie quer abgestutzt 23

22 Etwas kleiner. Pronotumscheibe gelblich, mehr oder weniger braun gefleckt, die Flecken können mitunter zu 2 lateralen Längsstreifen zusammenfließen; seltener ist die Scheibe ganz verdunkelt. Vorderflügel die Abdomenmitte nicht erreichend, distal breit abgestutzt, fein punktiert. Hinterflügel fehlen. Abdomen oberseits mit braunen Flecken, die zu Längsstreifen zusammenfließen können; Hinterränder der Tergite blaßgrau. Unterseite des Abdomens gelblich mit brauner Punktierung. Oothek ohne Längsrippen, durch Querrippen in 8 Kämmerchen geteilt. — Körper-L. 4,6 bis 6 mm; Elytren-L. 2,5—3 mm. — S-England, Holland, Belgien, W-Deutschland, N-Frankreich . . . . . . 9. *E.* (*Ectobius*) *panzeri* Stephens 1835

a. Pronotumscheibe und Beine ganz verdunkelt . . f. *nigripes* Stephens 1835

22* Größer. Pronotumscheibe braun punktiert. — Ähnlich dem Männchen, aber robuster. Vorderflügel die Abdomenmitte nicht erreichend, distal breit abgestutzt. Hinterflügel fehlen. Abdomen im allgemeinen von gleicher Färbung wie beim Männchen. Oothek etwa 3 mm lang, hell kastanienbraun, leicht gebogen; glatt (ohne Längsrippen), aber mit Querfurchen, die in der Nähe des Kammes in zwei Äste geteilt sind. — Körper-L. 6,5—9 mm; Elytren-L. 1,8—3 mm. — S-Frankreich, Balearen, Spanien, Portugal, Madeira . . . 7. *E.* (*Ectobius*) *servillei* Fernandes 1962

23 Elytren-L. unter 3,8 mm. — Kopf wie beim Männchen. Pronotum größer und mehr transversal, sonst aber wie beim Männchen. Vorderflügel verkürzt, distal abgerundet, etwa halb so lang wie das Abdomen. Hinterflügel rudimentär. Beine rötlichbraun. — Körper-L. 6,5—6,8 mm; Elytren-L. 3,1—3,6 mm. — Italien, Jugoslawien, Rumänien . . . . 4. *E.* (*Ectobius*) *albicinctus* (Brunner v. W. 1861)

23* Elytren-L. über 3,8 mm 24

24 Kopf braun bis schwarz mit schmaler weißlicher Querbinde auf dem Vertex. — Pronotum mehr transversal als beim Männchen, schwarz bis rötlichbraun, mit scharf umrissenen Rändern, sein Hinterrand gerade oder nahezu gerade. Vorderflügel verkürzt, bei weitem das Abdomenende nicht erreichend, etwa 2mal länger als das Pronotum. Hinterflügel bedeutend kürzer als die Vorderflügel. Abdomen unterseits schwarz und beiderseits mit hellem Randsaum versehen. Beine schmutziggelb. Oothek mit zahlreichen erhöhten Längsrippen, etwa 3—4 mm lang und 2,3 mm hoch; Kamm aus etwa 20 Zähnchen bestehend. — Körper-L. 7,3—10 mm; Elytren-L. 4,8—6,2 mm. — Schweden (selten), Dänemark, Holland, Belgien, Frankreich, Deutschland, Schweiz, N-Italien, Österreich, Ungarn,

Jugoslawien, Bulgarien, Rumänien, Polen, europ. Teil der UdSSR, Finnland . . . . 18. *E.* (*Ectobius*) *silvestris* (Poda 1761)
a. Pronotumscheibe rötlichbraun. — Überall unter der Nominatform . . f. *discrepans* Adelung 1916

24* Keine schmale weißliche Querbinde auf dem Vertex vorhanden 25

25 Interokularraum gelblich, entweder mit brauner Querbinde zwischen den Augen oder mit dunkelbraunen Punkten oder mit beiderlei 26

25* Interokularraum weder mit brauner Querbinde auf hellem Grund noch mit dunkelbraunen Punkten 31

26 Elytren-L. über 8 mm. — Ähnlich dem Männchen, aber robuster und mit relativ kürzeren Vorder- und Hinterflügeln. Abdomen oberseits und unterseits kastanienbraun mit gelblichen Seitenrändern. Interokularraum mit brauner Querbinde und dunkelbraunen Punkten zwischen den Augen. — Körper-L. 9,5—11 mm Elytren-L. 8,5—9,4 mm. — Italien, Jugoslawien, Albanien, Bulgarien . . . . . 5. *E.* (*Ectobius*) *punctatissimus* Ramme 1922

26* Elytren-L. unter 8 mm 27

27 Körper-L. nicht über 7,5 mm 28

27* Körper-L. stets über 7,5 mm 29

28 Elytren-L. unter 5,8 mm. R-Stamm der Vorderflügel nicht von dunklen Flecken begleitet. — Die Färbung des Weibchens ist oft heller als die des Männchens. Pronotumscheibe meistens hell gefleckt. Vorder- und Hinterflügel etwa bis zum Abdomenende reichend. Unterseite des Abdomens und Beine braun. Oothek glatt, dunkelbraun, etwa 3,2 mm lang, 2 mm hoch und 1,4 mm dick; Kamm aus etwa 17 Zähnchen bestehend. — Körper-L. 6,5—7 mm; Elytren-L. 5—5,5 mm. — S-Frankreich, Spanien . 13. *E.* (*Ectobius*) *nicaeensis* (Brisout 1852)

28* Elytren-L. über 5,8 mm. R-Stamm der Vorderflügel von dunklen Flecken begleitet, besonders in der distalen Hälfte. — Etwas dunkler, was dadurch zustandekommt, daß die braunen Fleckchen der Vorderflügel dunkler sind und eine Tendenz haben, zu größeren Flecken und Streifen zusammenzufließen. Sonst sind die Vorder- und Hinterflügel wie beim Männchen, nur kürzer. Vorderrand des Pronotums wie beim Männchen. Auch die Fleckung des Abdomens ist dunkler und mehr ausgedehnt als beim Männchen. Cerci ganz schwarz, mit kurzem Endglied, das etwa gleichlang mit dem vorletzten ist. — Körper-L. 6,5—7,2 mm; Elytren-L. 6 mm. — Albanien, Griechenland? . . . . 3. *E.* (*Ectobius*) *frieseanus* Princis 1963

29 Nur in Sizilien vorkommend. — Bernsteingelb. Ähnlich dem Männchen, nur etwas robuster. Vorderrand des Pronotums gerade abgestutzt. Das letzte Glied der Cerci deutlich länger als das vorletzte Glied. — Körper-L. 8,2—9,2 mm; Elytren-L. 7,8 mm. — Sizilien . . . . 11. *E.* (*Ectobius*) *kraussianus* Ramme 1923

29* In anderen Teilen Europas vorkommend 30

30 Elytren-L. nicht über 6,5 mm. Ränder der Pronotumscheibe vorn und lateral deutlich, scharf umrissen. — Robuster und etwas dunkler gefärbt als das Männchen. Pronotum mehr transversal; seine Scheibe etwa trape-

zoid, braun, in der Mitte aufgehellt. Vorderflügel braun, das Abdomenende nicht erreichend; Hinterflügel kürzer als die Vorderflügel. Abdomenoberseite schwarz, lateral schmal gelblich gesäumt und beiderseits lateral mit je einem Fleck von gleicher Färbung auf den Tergiten. Abdomenunterseite ebenfalls schwarz mit gelblicher, braun gefleckter Randbinde. Oothek longitudinal gerippt. — Körper-L. 9—10 mm; Elytren-L. 3,9—6,5 mm. — S-Deutschland, Frankreich, Schweiz, Ungarn, Jugoslawien, Spanien, Portugal . . . . 19. *E.* (*Ectobius*) *lucidus* (Hagenbach 1822)

a. Vorderflügel länger (5,4—6,5 mm), ihr Analfeld etwa halb so lang wie die Vorderflügel. — S-Deutschland, Frankreich, Schweiz, Ungarn, Jugoslawien, Spanien . . . . *lucidus lucidus* (Hagenbach 1822)

b. Vorderflügel kürzer (3,9—5 mm), ihr Analfeld etwa 3/4 so lang wie die Vorderflügel. — Portugal und Spanien (Galizien) längs der atlantischen Küste . . . . *lucidus brunneri* Seoane 1879

30* Elytren-L. im allgemeinen über 6,5 mm, nur selten etwas kürzer. Ränder der Pronotumscheibe vorn und lateral verwaschen, undeutlich. — Sehr ähnlich dem Männchen. Die rötlichbraunen Punkte auf den Vorderflügeln und manchmal auch auf der Pronotumscheibe stärker hervortretend als beim Männchen. Oothek kastanienbraun, durchschnittlich 4 mm lang, mit Längsrippen. — Körper-L. 8—10 mm; Elytren-L. 6,4—7,8 mm. — S-England, S-Rheinland, Belgien, Frankreich, N-Italien, Spanien, Portugal . . 16. *E.* (*Ectobius*) *pallidus* (Olivier 1789)

a. Interokularraum mit brauner Querbinde auf hellem Grund. Elytren-L. 6,5—7,5 mm. — S-England, S-Rheinland, Belgien, Frankreich, N-Italien . . . . *pallidus pallidus* (Olivier 1789)

b. Interokularraum mit dunkelbraunen Punkten zwischen den Augen. Elytren-L. 6,4—7,8 mm. — Frankreich, Spanien, Portugal . . . . . . *pallidus punctulatus* (Fieber 1853)

c. Pronotum und Vorderflügel mit markanterer dunkler Punktierung sowie mit je einer dunkelbraunen Längsbinde beiderseits der Medianlinie der Abdomenunterseite. — N-Italien, Frankreich . . . . f. *chopardi* Adelung 1916

31 Nur in Korsika vorkommend. — Abdomen oberseits nahezu ganz schwarzbraun, unterseits rostbraun mit zwei dunkelbraunen lateralen Längsstreifen. Vorder- und Hinterflügel das Abdomenende nicht überragend. Es gibt auch Individuen, die fast einfarbig hellgelb sind und fast keine braune Fleckung, sondern nur eine feine Punktierung aufweisen. Oothek hellbraun, gebogen, etwa 3 mm lang, durch 8 Querlinien in mehrere Kämmerchen geteilt; Kamm aus etwa 20 Zähnchen bestehend. — Körper-L. 6,5—7,5 mm; Elytren-L 6,5 mm. — Korsika . . . . 14. *E.* (*Ectobius*) *corsorum* Ramme 1923

31* In anderen Teilen Europas vorkommend 32

32 Vorderrand des Pronotums schwächer konvex (vgl. Fig. 34) 33

32* Vorderrand des Pronotums stärker konvex (vgl. Fig. 33) 34

33 Elytren-L. über 7 mm. R-Stamm der Vorderflügel nicht von dunkelbraunen Flecken begleitet. — Etwas robuster als das Männchen und mit relativ kürzeren Vorder- und Hinterflügeln. Unterseite des Abdomens mit 3 braunen Längsstreifen, die jedoch oft in einzelne Flecke zerfallen können. Oothek glänzend schwarz, 3,5—4,2 mm lang und 2,3—2,9 mm hoch, dicht longitudinal gerippt; Kamm aus 18—20 Zähnchen bestehend. — Körper-L. 8—12 mm; Elytren-L. 7,5—10 mm. — S-Schweiz, Italien, Jugoslawien, Griechenland ?, Bulgarien, Rumänien, Kaukasien . . . .
17. *E.* (*Ectobius*) *vittiventris* A. Costa 1847

33* Elytren-L. unter 7 mm. R-Stamm der Vorderflügel von dunkelbraunen bis schwarzen Flecken begleitet, besonders in der distalen Hälfte. — Ähnlich dem Weibchen von *E. lapponicus*, aber kleiner. Vorderflügel zuweilen das Abdomenende ein wenig überragend. — Körper-L. 7—8,3 mm; Elytren-L. 5,5—6,5 mm. — Österreich, Tschechoslowakei, Ungarn, Jugoslawien, Albanien, Griechenland, Bulgarien, Rumänien, Kaukasien ? . . . .
8. *E.* (*Ectobius*) *balcani* Ramme 1923

34 Analader (Cubitalfurche) der Vorderflügel nahezu rechtwinklig in den Hinterrand mündend. — Robuster als das Männchen. Pronotum mehr transversal und Vorderflügel verhältnismäßig kürzer. Möglicherweise gibt es auch melanistische Weibchen. — Körper-L. 8 mm ?; Elytren-L 6,5 mm. — Italien (Abruzzen) . . . . 2. *E.* (*Ectobius*) *montanus* A. Costa 1866

34* Cubitalfurche der Vorderflügel spitzwinkelig in den Hinterrand mündend . 35

35 Zwischen den Augen eine hellere Querbinde vorhanden, diese mitunter mehr oder weniger verwaschen. — Kopf wie beim Männchen, aber Gesicht schwarz- bis gelbbraun. Pronotum wie beim Männchen, aber größer und mehr transversal. Vorderflügel meistens bis zum Abdomenende reichend, mitunter etwas kürzer. Hinterflügel nicht selten etwas kürzer als die Vorderflügel. Abdomen unterseits schwarz, lateral beiderseits mit hellem Randsaum. Beine schmutziggelb. Oothek (Fig. 47) etwa 3,3 mm lang und 2,1 mm hoch, mit glatter, chagrinierter Oberfläche, durch undeutliche Querlinien in mehrere Kämmerchen geteilt; Kamm aus vielen rundlichen Zähnchen bestehend, die durch rundliche Einkerbungen voneinander getrennt sind. — Körper-L. 6,5 —10 mm; Elytren-L. 6—8,5 mm. — Fast ganz Europa von den Britischen Inseln, Holland, Belgien und Frankreich ostwärts bis zum Ural, die polaren Gebiete inbegriffen, und südwärts bis N-Italien, Jugoslawien, Bulgarien und Rumänien . 6. *E.* (*Ectobius*) *lapponicus* (Linné 1758)

a. Pronotum ganz schwarz, auch sonst schwärzlich übergossen. — Lappland . . . . f. *infumata* Ramme 1923

b. Pronotumscheibe vorn bräunlich aufgehellt. — Vereinzelt unter der Nominatform . . . . f. *pallens* Ramme 1923

35* Zwischen den Augen keine hellere Querbinde vorhanden, höchstens der Interokularraum in der Mitte etwas heller als die übrigen Kopfteile. — Kopf hell- bis bräunlichgelb, oft mit dunkleren Punkten. Pronotumscheibe gelbgrau bis rötlichbraun, Seiten des Pronotums durchsichtig. Vorderflügel wie

beim Männchen, nur relativ kürzer. Hinterflügel nur leicht gebräunt. Abdomenunterseite hellbraun mit dunkelbrauner bis schwarzer Fleckung. Oberseite des Abdomens einfarbig dunkelbraun, nur Hinterränder der Tergite heller. Beine bernsteingelb bis gelbbraun. Cerci wie beim Männchen. Oothek (Fig. 48) mit Längsrippen, die etwas niedriger und weniger zahlreich als bei *E. silvestris* sind. — Körper-L. 7—9 mm; Elytren-L. 5,5—7,1 mm. — S-Deutschland, Schweiz, Tschechoslowakei, Ungarn, Österreich, Italien, Jugoslawien, Albanien ?, Griechenland, Bulgarien, Rumänien, Polen, Moldauische SSR, Ukrainische SSR, Lettländische SSR . . . .
10. *E.* (*Ectobius*) *erythronotus* Burr 1913

a. Pronotumscheibe rotbräunlich. Endglied der Cerci 1,5- bis 2mal länger als das vorletzte Glied (Fig. 27). — S-Deutschland, Schweiz, Tschechoslowakei, Österreich, Italien, Jugoslawien, Griechenland, Bulgarien, Rumänien . . . . *erythronotus erythronotus* Burr 1913

b. Pronotumscheibe bräunlichgelb. Endglied der Cerci etwa 1,5mal länger als das vorletzte Glied (Fig. 28). — Jugoslawien (Deliblato) . . . . . .
erythronotus burri Adelung 1916

c. Pronotumscheibe dunkelbraun. Endglied der Cerci mehr als 1,5mal länger als das vorletzte Glied (Fig. 29). — Ungarn . . . .
erythronotus nigricans Ramme 1923

d. Pronotumscheibe dunkelbraun bis schwarz. Endglied der Cerci nur wenig länger als das vorletzte Glied (Fig. 30). — Polen, Lettländische SSR . . . . *erythronotus ater* Bazyluk 1961

2. Genus *Phyllodromica* Fieber 1853

Die Gattung ist in Europa insgesamt durch 32 Arten vertreten und macht also etwa die Hälfte der ganzen Schabenfauna Europas aus. Chopard versuchte *Phyllodromica* in 3 selbständige Gattungen aufzuspalten, aber Bey-Bienko (1950) zeigte, daß die von Chopard herangezogenen Merkmale ungenügend sind. Deswegen behielt Bey-Bienko die von Chopard vorgeschlagenen Gattungen nur als Untergattungen, doch mit gewissen Änderungen hinsichtlich der Unterscheidungsmerkmale, so daß wenigstens die Männchen mit Sicherheit in den betreffenden Untergattungen untergebracht werden können. Im nachfolgenden Bestimmungsschlüssel folge ich Bey-Bienkos Einteilung.

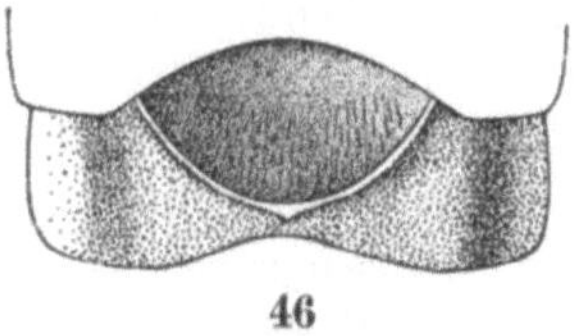

46

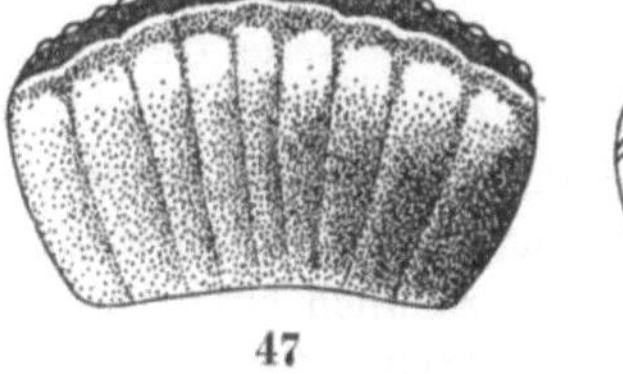

47

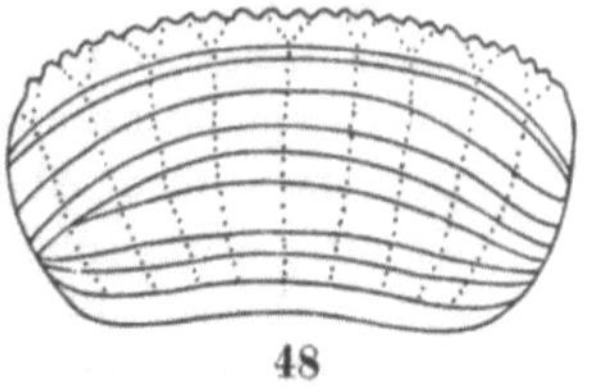

48

Fig. 46—48 46 *Ectobius* (*Ectobius*) *lucidus* (Hagenbach), ♂. Drüsengrube des 7. Tergits. 47 *Ectobius* (*Ectobius*) *lapponicus* (Linné), ♀. Oothek. Nach Bey-Bienko. 48 *Ectobius* (*Ectobius*) *erythronotus* Burr, ♀. Oothek. Nach Bazyluk.

Bestimmungsschlüssel zu den europäischen Arten

1 Männchen 2
1* Weibchen 32
2 Vorderflügel voll entwickelt, seltener verkürzt, aber dann mit deutlicher Aderung (1. Subgenus *Phyllodromica* Fieber 1853) 3
2* Vorderflügel verkürzt, entweder auf dem Rücken einander begegnend oder vollständig seitlich. Aderung undeutlich oder ganz fehlend 25
3 Vorderflügel voll entwickelt oder nur wenig kürzer als das Abdomen . . . 4
3* Vorderflügel bedeutend kürzer als Abdomen 22
4 Der ganze Vorderrand der Vorderflügel sowie die proximalen 2/3 des Hinterrandes derselben scharf weißlich gesäumt. Pronotumscheibe schwarz oder rot. Drüsengrube des 7. Tergits mit Zäpfchen. — Kopf ganz schwarz. Pronotum schwarz oder braunrot, nur lateral weißlich gesäumt. Vorderflügel bis zum Abdomenende reichend, meistens aber etwas länger; ihre Innenränder nur am Distalende des Scutellums einander begegnend, sonst divergieren sie proximal- und distalwärts, so daß Scutellum und z.T. auch Abdomenoberseite unbedeckt bleiben; Hauptfärbung der Vorderflügel schwarz mit Ausnahme des Außenrandes und der proximalen zwei Drittel des Innenrandes, die kontrastierend weiß gesäumt sind. Abdomen überwiegend schwarz, nur oberseits teilweise bräunlich. Cerci schwarz, etwa 4mal länger als breit. Beine schwarz mit gelben Tarsen und Dornen. — Körper-L. 6—7,5 mm; Pronotum-L. 1,7—2,1 mm; Elytren-L. 4—4,6 mm. — S-Europa von Korsika, Sardinien, Sizilien und Italien durch die Balkanländer (Jugoslawien, Griechenland, Bulgarien) bis nach S-Rußland (Krim)
1. *P.* (*Phyllodromica*) *marginata* (Schreber 1781)

a. Pronotumscheibe rot. — Vereinzelt unter der Nominatform . . . . .
var. *erythronota* (Brunner v. W. 1882)

4* Vorder- und Hinterrand der Vorderflügel nicht in solcher Weise weißlich gesäumt, höchstens der Vorderrand mehr oder weniger heller als der Rest der Vorderflügel 5
5 Subcostalarea der Vorderflügel ohne schräge Radiusäste (Rami anteriores). — Vorderflügel sonst mit dichter, unregelmäßiger Aderung versehen, dicht und sehr fein punktiert. Kopf einfarbig schwarz. Pronotum schwarz oder hellorangefarbig, ringsum weißlich gesäumt. Vorderflügel bis zum Abdomenende reichend, auf dem Rücken mit ihren Innenrändern einander begegnend und die Oberseite des Abdomens bedeckend; dicht schwarz punktiert auf heller Grundfarbe, wodurch die Vorderflügel dunkelgrau erscheinen. Abdomen ober- und unterseits einfarbig schwarz. Cerci schwarz, etwa 4mal länger als breit. Beine schwarz bis schwarzbraun gelben Dornen. — Stylus ziemlich lang, hakenförmig. Drüsengrube des 7. Tergits rundlich, ohne Zäpfchen. — Körper-L. 6—6,5 mm; Pronotum-L. 2—2,3 mm; Elytren-L. 4,5 mm. — S-Deutschland, Tschechoslowakei, Österreich, N-Italien, Ungarn, Polen ?, Moldauische SSR, Ukrainische SSR
2. *P.* (*Phyllodromica*) *megerlei* Fieber 1853

5* Die schrägen Radiusäste in der Subcostalarea deutlich und stets vorhanden, wenn auch manchmal verkürzt 6

6 Tergite 6–7 stark spezialisiert. Tergit 7 in der Mitte stark gesenkt, weiter distalwärts längs der Medianlinie in zwei gegeneinander gerichtete Lappen geteilt (Fig. 49 und 50) 7

6* Tergit 6 kaum spezialisiert. Tergit 7 in der Mitte gesenkt, weiter distalwärts jedoch nie längs der Medianlinie in zwei gegeneinander gerichtete Lappen geteilt, höchstens mit zipfelförmig nach hinten vorgezogenen latero-kaudalen Ecken (Fig. 51) 13

7 Vorderflügel breit, distalwärts gegen die Spitze nicht verschmälert; Innenrand der Spitze nahezu rechtwinkelig. Latero-kaudale Ecken des 8. Tergits lappenförmig entwickelt und seitwärts gerichtet (Fig. 49). – Kopf braun, zwischen den Augen etwas heller. Pronotumscheibe schwarz, selten braun; Seiten des Pronotums breit gelblich; manchmal auch der Hinterrand des Pronotums schmal gelblich gesäumt. Vorderflügel bis zum Abdomenende reichend oder etwas länger, auf dem Rücken übereinandergreifend, etwa 3mal länger als breit, gelblich mit einem braunen Fleck nahe der Spitze. Abdomen oberseits bräunlich, die Hinterränder der Tergite 2–5 schwarz gesäumt und mit einem gelblichen Fleck in der Mitte des Tergits 8. Unterseite des Abdomens fast ganz schwarz. Cerci etwa 4mal länger als breit. Beine gelb. – Körper-L. 7–9 mm; Pronotum-L. 2,3–2,7 mm; Elytren-L. 6,5–7,3 mm. – Krim. . . . .
3. *P.* (*Phyllodromica*) *adusta* (Fischer-Waldheim 1846)

7* Vorderflügel distalwärts gegen die Spitze verschmälert; die Spitze wenigstens von innen gerundet. Latero-kaudale Ecken des 8. Tergits nach hinten gerichtet, nie lappenförmig entwickelt 8

8 Cerci dick, etwa 2,5mal länger als breit. – Kopf mit schwarzbraunem Gesicht. Pronotumscheibe rötlichbraun, Seiten des Pronotums breit durchsichtig. Vorderflügel bis zur Basis der Cerci reichend, auf dem Rücken übereinandergreifend, dunkelbraun mit hellerem Vorder- und Hinterrand. Abdomen oberseits schwarz, unterseits distal schwarz und proximal bräunlich mit einem verwaschenen schwarzen Längsstreifen. Cerci schwarz, robust. Beine gelb. Supraanalplatte hinten nahezu gerade

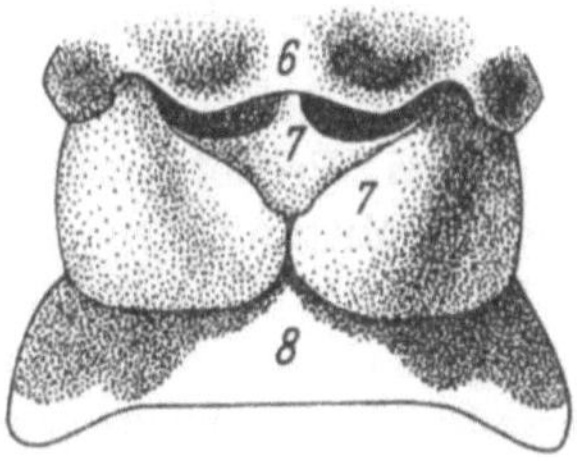

49

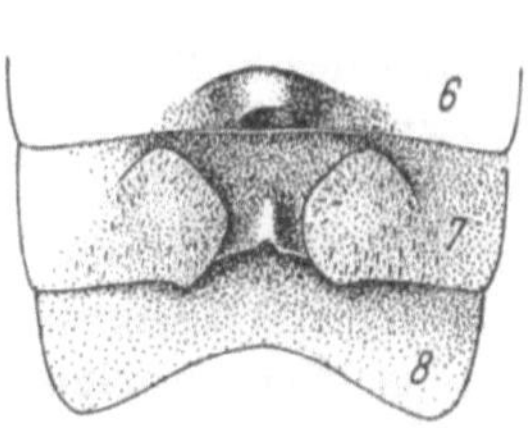

50

Fig. 49–50 **49** *Phyllodromica* (*Phyllodromica*) *adusta* (Fischer-Waldheim), ♂. Tergite *6–8*.
50 *Phyllodromica* (*Phyllodromica*) *kiritshenkoi* Bey-Bienko, ♂. Tergite *6–8*.

abgestutzt. — Körper-L. 7,4—8,8 mm; Pronotum-L. 2,2—2,6 mm; Elytren-L. 6,7 mm. — Krim . . . 4. *P.* (*Phyllodromica*) *retowskii* (Krauss 1888)

8* Cerci schlank, mindestens 3,5mal länger als breit 9

9 Beine schwarz bis schwarzbraun. Hinterrand des 8. Tergits in der Mitte leicht ausgerandet 10

9* Beine ganz oder wenigstens z.T. gelblich. Selten bei *P. polita* braun, dann aber der Hinterrand des 8. Tergits in der Mitte nicht ausgerandet 11

10 Subcosta der Vorderflügel distal beträchtlich über die Mitte des Vorderrandes hinwegreichend, am Distalende gegen den Vorderrand gebogen. Costalarea der Vorderflügel fein transversal gestrichelt. Die beiden Lappen des 7. Tergits mit konvexer Oberfläche und in der Mitte einander nicht begegnend (Fig. 50). — Kopf kastanien- bis schwarzbraun, auf dem Vertex heller. Pronotumscheibe schwarz, Seiten des Pronotums hell, halbdurchsichtig; manchmal auch der Hinterrand des Pronotums schmal hell gesäumt. Vorderflügel bis zur Basis der Cerci reichend, auf dem Rücken übereinandergreifend, gelblich mit einem schwarzen Fleck nahe der Spitze. — Körper-L. 5,8—7,5 mm; Pronotum-L. 2—2,2 mm; Elytren-L. 4,9 bis 5,3 mm. — Krim, N-Kaukasien (Ostküste des Schwarzen Meeres) . . . .
5. *P.* (*Phyllodromica*) *kiritshenkoi* (B.-Bienko 1948)

10* Subcosta der Vorderflügel höchstens nur etwas über die Mitte des Vorderrandes hinwegreichend, am Distalende nicht gebogen. Costalarea der Vorderflügel nicht transversal gestrichelt. Die beiden Lappen des 7. Tergits flach und in der Mitte einander begegnend (vgl. Fig. 49). — Kopf kastanien- bis schwarzbraun, auf dem Vertex heller. Pronotumscheibe schwarz, Seiten des Pronotums hell, halbdurchsichtig; bisweilen auch der Hinterrand des Pronotums schmal hell gesäumt. Vorderflügel bis zur Basis der Cerci reichend, auf dem Rücken übereinandergreifend, gelblich mit einem schwarzbraunen Fleck nahe der Spitze (seltener schwarzbraun mit gelblicher vorderer Hälfte). Cerci schwarz, etwa 4mal länger als breit. Beine schwarz bis schwarzbraun. — Körper-L. 6,5—7,4 mm; Pronotum-L. 2,1 bis 2,3 mm; Elytren-L. 5,5—6 mm. — Deutschland, Tirol, Österreich, Jugoslawien, Rumänien, Polen, Ukrainische SSR . . . .
6. *P.* (*Phyllodromica*) *maculata* (Schreber 1781)

a. Vorderflügel schwarz mit gelbem Vorderrand. — Unter der Nominatform . . . . var. *schaefferi* (Gmelin 1788)

11 Hinterrand des 8. Tergits leicht konkav. Supraanalplatte hinten gerade abgestutzt. — Kopf bräunlichrot bis rötlichbraun. Pronotumscheibe gelblichrot, bisweilen rötlichbraun mit aufgehellter Mitte; Seiten des Pronotums durchsichtig. Vorderflügel kaum das Abdomenende erreichend; breit, etwa 2,5—2,8mal länger als breit, bräunlichrot bis rötlichbraun. Abdomenoberseite gelblich, proximal braun. Unterseite des Abdomens schmutziggelb mit 3 schwarzbraunen Längsstreifen oder schwarz mit schmal hellgesäumten basalen Sterniten. Cerci schwarz, etwa 4mal länger als breit. Beine gelb. — Körper-L. 6,7—7,5 mm; Pronotum-L. 2,1—2,3 mm; Ely-

tren-L. 5,5–6,5 mm. – Krim, N-Kaukasien (Ostküste des Schwarzen Meeres) . . . . 7. *P.* (*Phyllodromica*) *euxina* B.-Bienko 1950

11* Hinterrand des 8. Tergits gerade oder leicht konvex. Hinterrand der Supraanalplatte konvex 12

12 Kopf braun bis schwarzbraun, auf dem Vertex heller. Pronotumscheibe schwarz bis schwarzbraun; Seiten des Pronotums hell, halbdurchsichtig. Vorderflügel bis zum Abdomenende reichend oder etwas länger, ziemlich schmal, meistens schwarz bis schwarzbraun (seltener dunkelbraun); ihr Vorderrand und bisweilen auch der Hinterrand schmal weißlich gesäumt. Abdomen schwarz, nur die basale Hälfte der Unterseite hell, aber mit einem schwarzen Längsstreifen in der Mitte. Hinterrand der Supraanalplatte konvex. Cerci schwarz oder braun, etwa 4mal länger als breit. Beine gelblich, sehr selten braun. – Körper-L. 7,3–8,6 mm; Pronotum-L. 2,1 bis 2,3 mm; Elytren-L. 6,5–7,1 mm. – Kaukasien (nordwärts bis Noworossijsk – Anapa – Pjatigorsk – Berg Indjuk). . . . .
8. *P.* (*Phyllodromica*) *polita* (Krauss 1888)

12* Kopf überwiegend gelblichrot. Pronotumscheibe ebenfalls gelblichrot, bisweilen aber rötlichbraun. Vorderflügel einfarbig rötlichgelb, mitunter bräunlich oder mit einem distalen braunen Fleck. Abdomenoberseite hell mit einem longitudinalen dunklen Mittelstreifen und bräunlichem Tergit 7. Beine blaßgelblich. Diese Art unterscheidet sich von *Ph. polita* hauptsächlich durch die hellere Färbung des Männchens. Bey-Bienko hält es für möglich, daß es sich hier wahrscheinlich nur um eine Lokalform von *Ph. polita* handelt. – Körper-L. 7–8 mm; Pronotum-L. 2,1–2,2 mm; Elytren-L. 5–6,5 mm. – Aserbaidschan . . . .
9. *P.* (*Phyllodromica*) *schelkovnikovi* (Burr 1913)

13 Vorder- und Hinterrand der Vorderflügel nahezu parallel. Die Spitze der Vorderflügel breit gerundet 14

13* Vorder- und Hinterrand der Vorderflügel distalwärts deutlich miteinander konvergierend. Die Spitze der Vorderflügel mehr eckig gerundet 16

14 Vorderflügelrand ringsherum dicht mit feinen Härchen besetzt. Oberfläche der Vorderflügel mit zahlreichen Borstenpunkten versehen 15

14* Vorderflügelrand glatt, ohne Härchen. Oberfläche der Vorderflügel ohne Borstenpunkte. – Kopf schwärzlich, auf dem Vertex heller. Pronotum schwarz, schmal weißlich gesäumt. Vorderflügel bis zum Abdomenende reichend oder etwas länger, etwas weniger als 2,5mal länger als breit, blaßgelblich mit einem großen schwarzen Fleck an der Flügelbasis. Abdomen glänzend schwarz, mit distal und lateral weißlich gesäumten Tergiten; Tergite 6–8 ganz weißlich. Beine blaßgelblich. – Körper-L. 7–8 mm; Pronotum-L. 2,1–2,3 mm; Elytren-L. 4,4–5 mm. – Österreich, S-Tirol, Triest, Jugoslawien, Albanien, Bulgarien . . . .
10. *P.* (*Phyllodromica*) *brevipennis* (Fischer 1853)

15 Etwas größer. Radiusäste (Rami anteriores) in der Subcostalarea der Vorderflügel sehr schräg. Abdomenunterseite größtenteils hell. – Kopf blaßgelblich. Pronotumscheibe rötlichgelb, Seiten des Pronotums weißlich.

Vorderflügel bis zum Abdomenende reichend oder etwas länger, etwa 3mal länger als breit, einfarbig blaßgelblich oder mit undeutlicher dunkelbrauner Punktierung auf blaßgelblicher Grundfarbe, Flügelrand ringsherum dicht behaart. Tergite 1—5 schwarzbraun, distal hell gesäumt; die übrigen Tergite blaßgelblich. Unterseite des Abdomens fast ganz gelblich. Cerci hell mit schwarzer Basis und Spitze. — Körper-L. 8—8,5 mm; Pronotum-L. 2,3—2,4 mm; Elytren-L. 6—6,7 mm. — Griechenland, Kreta . .
11. *P.* (*Phyllodromica*) *pallida* (Brunner v. W. 1882)

a. Pronotumscheibe blaßrostrot, mit breiten hellen Rändern, Vorderteil der rostroten Scheibe fein dunkel begrenzt. Möglicherweise eine selbständige Art. — Kreta . . . . *pallida cecconii* (Griffini 1895)

15* Kleiner. Radiusäste (Rami anteriores) in der Subcostalarea der Vorderflügel weniger schräg, besonders proximal, wo sie nahezu transversal verlaufen. Abdomenunterseite überwiegend schwarz. — Kopf bräunlich, auf dem Vertex heller. Pronotum rostrot, ringsherum mit gelblichem, durchsichtigem Randsaum. Vorderflügel bis zum Abdomenende reichend oder etwas kürzer, etwas weniger als 3mal länger als breit, einfarbig gelblich, Flügelrand ringsherum dicht behaart; auf der Oberfläche zahlreiche Borstenpunkte vorhanden. Abdomen oberseits schwarz mit distal schmal weißlich gesäumten Tergiten. Unterseite des Abdomens ebenfalls schwarz, aber in der Mittellinie gelblich. Cerci gelblich, an der Basis und Spitze schwärzlich. — Körper-L. 7,7 mm; Pronotum-L. 2 mm; Elytren-L. 5,3 mm. — Jugoslawien, Albanien . . 12. *P.* (*Phyllodromica*) *carniolica* (Ramme 1913)

16 Drüsengrube des 7. Tergits mit einem Zäpfchen versehen 17

16* Drüsengrube des 7. Tergits ohne Zäpfchen 19

17 Körper-L. unter 7 mm. In Sardinien vorkommend. — Kopf schwarz. Pronotumscheibe trapezoid, schwarz, weißlich gerandet; Seiten des Pronotums durchsichtig. Vorderflügel bis zum Abdomenende reichend, vorn mit blaßgelblichem Randsaum, der nach innen von einem schwarzen Längsstreifen begleitet wird; an der Flügelbasis noch ein schwarzer Fleck vorhanden, der in Verbindung mit dem schwarzen Längsstreifen steht. Abdomen schwarz mit schmalem weißlichem Randsaum. Cerci schwarz. Beine schwarzbraun mit helleren Tarsen. — Gesamt-L. 5,3 mm; Elytren-L. 4 mm. — Sardinien
14. *P.* (*Phyllodromica*) *marcelloi* Fernandes 1962

17* Körper-L. über 7 mm. Auf den Kanaren vorkommend 18

18 Latero-kaudale Ecken des 7. Tergits zipfelförmig nach hinten vorgezogen (Fig. 51). Hinterflügelrudimente fehlend. — Kopf vom Vertex bis zu den Antennen orangefarbig mit einer breiten dunkelbraunen Querbinde zwischen den Augen; weiter distalwärts braun mit einer schmäleren dunkelbraunen Querbinde zwischen den Ozellen. Pronotumscheibe gelblich, rostrot punktiert und lateral dunkelbraun eingefaßt; Seiten des Pronotums breit hyalin. Vorderflügel weit über das Abdomenende hinwegreichend, mit gut erkennbarer Aderung, schwarzbraun mit breitem durchsichtigem Randsaum. Abdomenoberseite schwarzbraun, Unterseite kastanienbraun mit schmalem gelblichem Randsaum. Hypandrium ohne Stylus. Cerci

oberseits blaßgelblich, unterseits schwärzlichbraun. Beine gelb. — Körper-L. 8,5 mm; Elytren-L. 7 mm. — Kanaren . . . .
15. *P.* (*Phyllodromica*) *brullei* (Princis 1963)
(= *Blatta bivittata* Brullé 1839, nec Serville 1839)

18* Latero-kaudale Ecken des 7. Tergits nicht zipfelförmig nach hinten vorgezogen. Hinterflügelrudimente vorhanden. — Kopf glänzend rötlichgelb mit einer verwaschenen braunen Querbinde zwischen den Augen. Pronotumscheibe gelblich mit einigen rostroten Punkten und einem rostroten Fleck in der Mitte; Seiten des Pronotums breit hyalin. Vorderflügel über das Abdomenende hinwegreichend, gelblich durchscheinend, Aderzwischenräume leicht gebräunt. Abdomen oberseits gelblich, unterseits etwas dunkler. Beine gelb. — Körper-L. 9 mm; Elytren-L. 7 mm. Weibchen noch unbekannt. — Kanaren . . . 16. *P.* (*Phyllodromica*) *pallidula* nom. nov.
(= *Arbiblatta pallida* Chopard 1942, nec Brunner v. W. 1882)

19 Radiusäste (Rami anteriores) in der Subcostalarea der Vorderflügel sehr schräg 20

19* Radiusäste (Rami anteriores) in der Subcostalarea der Vorderflügel weniger schräg, besonders proximal, wo sie nahezu transversal verlaufen. — Kopf braun, auf dem Vertex heller. Pronotumscheibe mit einem schwarzen hufeisenförmigen Streifen, Hinterrand des Pronotums schmal schwarz gesäumt. Vorderflügel bis zum Abdomenende reichend, durchsichtig mit zerstreuten schwarzen Punkten. Abdomen oberseits schwarzbraun mit hell gesäumten Hinterrändern der Tergite. Unterseite des Abdomens überwiegend hell. Cerci hell mit schwarzer Basis und Spitze. Beine blaßgelblich, nur Oberseiten der Schenkel braun. — Körper-L. 7,5—8 mm; Pronotum-L. 2,1—2,3 mm; Elytren-L. 5,2—5,6 mm. — Transkaukasien (Ordubad) . . . . 17. P. (*Phyllodromica*) *znojkoi* B.-Bienko 1938

20 Drüsengrube des 7. Tergits groß, mit ihrem Hinterrand bis zur Mitte des Tergits reichend (Fig. 52). — Kopf gelblichbraun mit einer nußbraunen Binde zwischen den Augen. Pronotumscheibe gelblich bis rötlichbraun. Vorderflügel lanzettlich, das Abdomenende etwas überragend, hellgelblich, durchsichtig, mit mikroskopischen dunklen Fleckchen und Punkten geziert. Abdomen oberseits gelblichbraun mit einem schmalen schwarzen Längsstreifen in der Mitte, unterseits ebenfalls gelblichbraun. Beine und

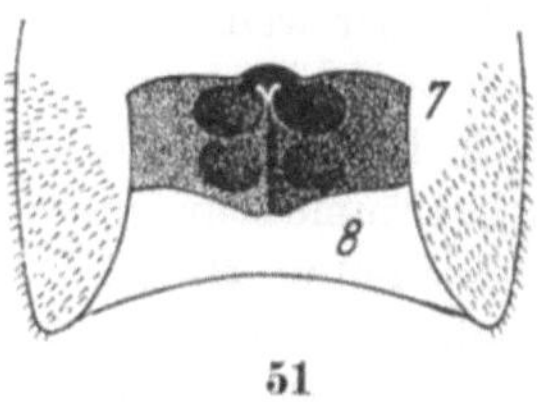

51

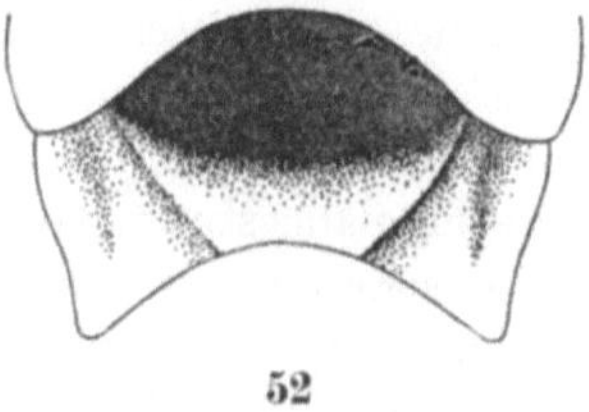

52

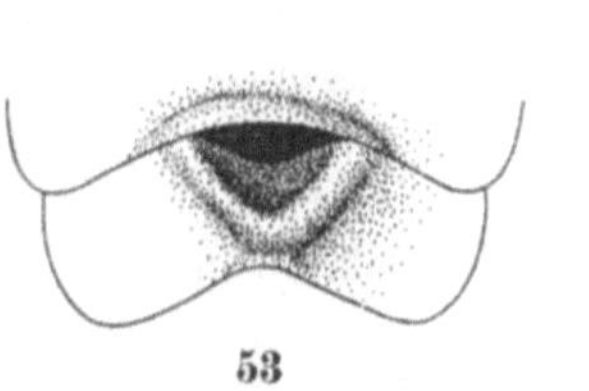

53

Fig. 51—53 **51** *Phyllodromica* (*Phyllodromica*) *brullei* (Princis), ♂. Tergite *7—8*. **52** *Phyllodromica* (*Phyllodromica*) *tyrrhenica* (Ramme), ♂. Drüsengrube des 7. Tergits. Nach RAMME. **53** *Phyllodromica* (*Phyllodromica*) *chopardi* Fernandes, ♂. Drüsengrube des 7. Tergits. Nach FERNANDES.

Cerci gelblichbraun, letztere an der Basis und Spitze schwärzlich verdunkelt. — Körper-L. 5,4—5,9 mm; Pronotum-L. 1,8 mm; Elytren-L. 4,6 mm. — S-Italien (Salerno), Sizilien (Messina) . . . .
18. *P.* (*Phyllodromica*) *tyrrhenica* (Ramme 1927)

20* Drüsengrube des 7. Tergits klein, bei weitem nicht bis zur Mitte des Tergits reichend (Fig. 53) 21

21 Tergit 7 hinter der Drüsengrube bogenförmig erhöht (Fig. 53). — Kopf kastanienbraun bis schwarz, auf dem Vertex heller. Pronotumscheibe schwarz, bräunlich gesäumt; Seiten des Pronotums durchsichtig. Vorderflügel bis zum Abdomenende reichend, mit kastanienbraunen Aderzwischenräumen und durchsichtigem Vorderrand. Kleine Hinterflügelrudimente vorhanden. Abdomen glänzend schwarz mit Ausnahme der Hinterränder der 3 distalen Tergite, die hell gesäumt sind. Cerci und Beine schwarz. — Gesamt-L. 7—7,5 mm; Elytren-L. 5—5,5 mm. — Spanien . . . . 19. *P.* (*Phyllodromica*) *chopardi* Fernandes 1962

21* Tergit 7 hinter der Drüsengrube longitudinal erhöht (Fig. 54). — Kopf dunkelbraun, zwischen den Augen heller. Pronotumscheibe etwa achteckig, dunkelbraun mit 2 lateralen schwarzbraunen Streifen; Seiten des Pronotums durchsichtig. Vorderflügel voll entwickelt, bräunlich mit einem kastanienbraunen Längsstreifen dem Radius entlang und einem gleichfarbigen Fleck an der Basis des Analfeldes; Vorderrand mit breitem durchsichtigem Randsaum. Hinterflügelrudimente vorhanden. Abdomen oberseits dunkelkastanienbraun, ringsherum mit schmalem weißlichem Randsaum. Cerci dunkelkastanienbraun. Beine blaßgelblich. Die balearische Form *Ph. sardea adspersa* könnte möglicherweise eine distinkte Art sein. — Gesamt-L. 4,9—5,6 mm; Elytren-L. 3,8—3,9 mm. —Sardinien, Balearen . . . . . . 20. *P.* (*Phyllodromica*) *sardea* (Serville 1839)

Man unterscheidet 2 Unterarten:

a. Longitudinale Erhöhung hinter der Drüsengrube breit (Fig. 54). Gesamt-L. 4,9 mm; Elytren-L. 3,8 mm. — Sardinien . . . .
sardea sardea (Serville 1839)

b. Longitudinale Erhöhung hinter der Drüsengrube etwa 2mal schmäler. Gesamt-L. 5,2—5,6 mm; Elytren-L. 3,9 mm. — Balearen . . . .
sardea adspersa (Bolívar 1897)

22 Vorderflügel distal gerundet 23

22* Vorderflügel distal abgestutzt. — Kopf schwärzlich mit einer weißlichen Querbinde zwischen den Augen. Pronotum ganz schwarz, höchstens lateral etwas heller gesäumt. Vorderflügel nur bis zum 3. Tergit reichend, nicht seitlich, distal etwas schräg abgestutzt, Aderzwischenräume schwärzlich. Tergite und Sternite schwarz mit bräunlich gesäumten Hinterrändern. Tergit 6 mit 2 lateralen weißen Kielchen, die nicht bis zum Vorderrand des Tergits reichen; Tergit 7 ohne deutliche Drüsengrube (Fig. 55). Cerci schwarz. Beine ebenfalls schwarz, jedoch die Dornen blaßbräunlich und das erste Tarsenglied weißlich. — Körper-L. 6,3 mm; Elytren-L. 2,3 mm. — Spanien 21. *P.* (*Phyllodromica*) *princisi* Fernandes 1962

23 Tergit 7 mit deutlicher Drüsengrube 24

23* Tergit 7 ohne deutliche Drüsengrube. — Kopf schwarz, auf dem Vertex heller. Pronotum schwarz, weißlich gesäumt. Vorderflügel nur bis zum 4. Tergit reichend, nicht seitlich, gelbbräunlich mit kontrastierend weißlichen Adern. Abdomen oberseits schwarz mit distal und lateral weißlich gesäumten Tergiten; Tergite 6—8 ganz weißlich. Unterseite des Abdomens schwarz. Beine und Cerci schmutziggelb, nur die Spitzen der letzteren schwarz. — Körper-L. 7 mm; Pronotum-L. 2 mm; Elytren-L. 3,2 mm. — Jugoslawien, Griechenland, Kaukasien (Georgien) . . . . .
22. *P.* (*Phyllodromica*) *graeca* (Brunner v. W. 1882)

24 Drüsengrube des 7. Tergits durch eine longitudinale Erhöhung in 2 Teile geteilt (Fig. 56). — Kopf gelbbraun mit einer kastanienbraunen Querbinde zwischen den Augen. Pronotumscheibe kreisförmig, schwarz; Seiten des Pronotums breit durchsichtig. Vorderflügel nicht bis zum 3. Tergit reichend, doch nicht seitlich, distal gerundet, schmutzigweißlich. Hinterflügelrudimente vorhanden. Tergite schwarz, distal und lateral bräunlich gesäumt. Sternite schwarz bis dunkelkastanienbraun, an den laterokaudalen Ecken heller. Hypandrium ohne Stylus. Cerci dunkelkastanienbraun. Beine gelb- bis kastanienbraun. — Körper-L. 5,8—7 mm; Elytren-L. 2,2—2,3 mm. — Spanien . . . .
23. *P.* (*Phyllodromica*) *baetica* (Bolívar 1884)

24* Drüsengrube des 7. Tergits ungeteilt. — Kopf schwarz. Pronotumscheibe halbkreisförmig, schwarz; Seiten des Pronotums durchsichtig. Vorderflügel den 2. Tergit nicht überragend, nicht seitlich, distal stark abgerundet, schwärzlich. Tergite schwarz, distal bräunlich gesäumt. Sternite ebenfalls schwarz, aber mit weißlichen latero-kaudalen Ecken. Cerci schwarz. Schenkel und Tibien schwarz, Tarsen weißlich. — Körper-L. 6—6,5 mm; Elytren-L. 2—2,2 mm. — Portugal . . . .
24. *P.* (*Phyllodromica*) *moralesi* Fernandes 1962

25 Vorderflügel auf dem Rücken einander begegnend (2. Subgenus *Arbiblatta* Chopard 1936) 26

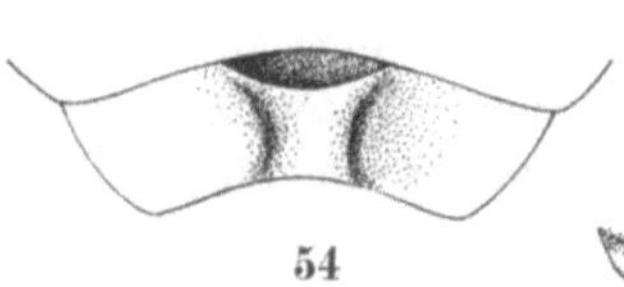

54

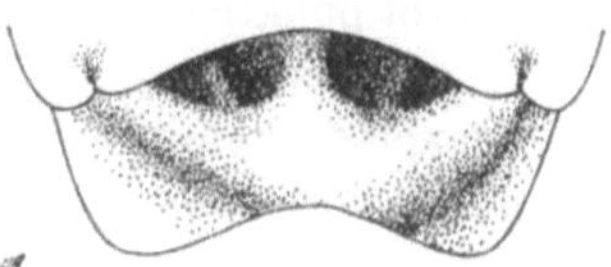

5

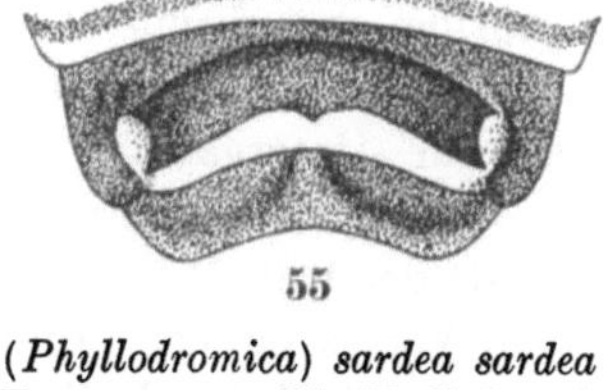

55

Fig. 54—56 **54** *Phyllodromica* (*Phyllodromica*) *sardea sardea* (Serville), ♂. Drüsengrube des 7. Tergits. Nach FERNANDES. **55** *Phyllodromica* (*Phyllodromica*) *principi* Fernandes, ♂. Tergite *6—7*. **56** *Phyllodromica* (*Phyllodromica*) *baetica* (Bolívar), ♂. Drüsengrube des 7. Tergits. Nach FERNANDES.

25* Vorderflügel vollkommen seitlich, auf dem Rücken einander nicht begegnend (3. Subgenus *Lobolampra* Houlbert 1927) 28

26 Oberseits mit 3 dunkel- bis schwarzbraunen Längsstreifen, die sich vom Pronotum über die Vorderflügel bis auf das Abdomen erstrecken und vorn miteinander zusammenfließen, mit Ausnahme des mittleren Streifens, der nicht bis zum Vorderrand des Pronotums reicht. — Kopf gelb mit einer braunen Querbinde zwischen den Antennen. Pronotum gelblich mit einem schwarzbraunen hufeisenförmigen Streifen sowie einem longitudinalen Mittelstreifen von gleicher Färbung; der Mittelstreifen ist viel schmäler als die lateralen Schenkel des hufeisenförmigen Streifens; die letzteren sowie der Mittelstreifen setzen sich auf den Vorderflügeln fort. Im allgemeinen ist also die Körperoberseite des Männchens mit 3 schwarzbraunen Längsstreifen versehen, von welchen sich die beiden lateralen auf dem Pronotum miteinander vereinigen. Vorderflügel etwa bis zum Hinterrand des 5. Tergits reichend. Beine gelbbräunlich. — Hinterrand des 6. Tergits in der Mitte weit eingebuchtet. Tergit 7 ohne deutliche Drüsengrube. Körper-L. 5,5 mm; Elytren-L. 3,5 mm. — Sardinien, Spanien . . . . .
25. *P.* (*Arbiblatta*) *trivittata* (Serville 1839)

26* Keine solche Längsstreifen vorhanden 27

27 Vorderrand der Vorderflügel sowie der ganze Spitzenteil derselben durchsichtig. — Kopf dunkelkastanienbraun, auf dem Vertex heller. Pronotumscheibe braun, mit einem rostroten Fleck in der vorderen Hälfte der Scheibe; Seiten des Pronotums durchsichtig. Vorderflügel ein wenig das Abdomenende überragend, braun mit breit durchsichtigem Vorderrand. Hinterflügelrudimente vorhanden. Abdomen ober- und unterseits braun, lateral etwas heller. Cerci braun mit schwarzem Innenrand. Beine gelbbraun, Tibien mit schwarzer Basis und Spitze. Es ist möglich, daß diese Art zur Untergattung *Phyllodromica* gehört. — Körper-L. 10 mm; Pronotum-L. 2,8 mm; Elytren-L. 7 mm. Weibchen noch unbekannt. — Madeira . . . . . . 26. *P.* (*Arbiblatta*) *infumata* (Brunner v. W. 1865)

27* Nur der Vorderrand der Vorderflügel durchsichtig. Etwas kleiner. — Kopf dunkelbraun, auf dem Vertex heller. Pronotumscheibe gelblich, rostrot punktiert und lateral dunkelbraun eingefaßt; Seiten des Pronotums breit durchsichtig. Vorderflügel über das Abdomenende hinwegreichend, dunkelbraun mit breitem durchsichtigem Randsaum. Hinterflügelrudimente vorhanden. Abdomen dunkelbraun, unterseits mit schmalem gelblichem Randsaum. Hypandrium ohne Stylus. Cerci oberseits blaßgelblich, unterseits dunkelbraun. Beine gelblich. Es ist sehr wahrscheinlich, daß diese Art in Wirklichkeit zur Untergattung *Phyllodromica* gehört. — Azoren, Madeira . . . . 27. *P.* (*Arbiblatta*) *chavesi* (Bolívar 1898)

28 Vorderflügel nicht breiter als der helle Pronotumrand. — Kopf schwarzbraun bis schwarz, auf dem Vertex heller. Pronotumscheibe schwarz bis rostbraun; Seiten des Pronotums hell. Vorderflügel lappenförmig, seitlich, etwa 2mal länger als breit, ohne jede Spur von Aderung. Abdomen schwarz mit hellem Randsaum. Cerci schwarz. Beine blaßgelblich. —

Körper-L. 4,5—6,5 mm; Elytren-L. 0,7 mm. — Portugal, Spanien, S-Frankreich, Korsika, Sizilien, Dalmatien? . . . .
28. *P.* (*Lobolampra*) *subaptera* (Rambur 1838)

28* Vorderflügel deutlich breiter als der helle Pronotumrand 29

29 Pronotumscheibe ganz glänzend schwarz bis schwarzbraun; Seiten des Pronotums weißlich. Vorderflügel lappenförmig, seitlich, etwa 1,5mal länger als breit und 2mal breiter als der helle Randsaum des Pronotums; Aderspuren vorhanden, Aderzwischenräume stark verdunkelt. — Körper-L. 5—5,5 mm; Elytren-L. 0,9—1,2 mm. — Portugal, Spanien . . . . .
29. *P.* (*Lobolampra*) *carpetana* (Bolívar 1873)

29* Pronotumscheibe nicht ganz schwarz oder schwarzbraun 30

30 Pronotumscheibe rostrot, in der Mitte etwas heller. — Kopf gelblich mit einer breiten braunen Querbinde zwischen den Augen. Seiten des Pronotums breit durchsichtig. Vorderflügel lappenförmig, seitlich, durchsichtig mit Ausnahme von einigen rostroten Punkten und einem braunen Streifen dem Außenrand entlang. Abdomen ober- und unterseits braun mit hellem Randsaum. Hypandrium ohne Stylus. Beine gelb. — Körper-L. 6,7 mm; Pronotum-L. 2,1 mm; Elytren-L. 1,1 mm. — Kanaren . . . .
30. *P.* (*Lobolampra*) *lindbergi* Chopard 1955

30* Pronotumscheibe zum Teil schwarz oder schwarzbraun 31

31 Pronotumscheibe blaßgelblich mit 3 schwarzen bis schwarzbraunen Längsbinden und 3 ebensolchen Längsstrichen dazwischen. Innenrand der Vorderflügel an der Basis nahezu gerade, weiter distalwärts konvex. — Kopf schwarz mit einem gelben Fleck etwa zwischen den Antennen und einem anderen von gleicher Färbung zwischen den Augen. Seiten des Pronotums gelblich, durchsichtig. Vorderflügel lappenförmig, seitlich, etwa bis zur Mitte des Metanotums reichend, mit Aderspuren, gelb mit verdunkelten Aderzwischenräumen; Außenrand der Vorderflügel an der Basis longitudinal und erst dann weiter distalwärts schräg. Abdomen oberseits gelb mit 3 schwarzen Längsstreifen, die mitunter undeutlich sein können. Unterseits des Abdomens schwarz mit einigen gelben Flecken auf den Seitenrändern. Cerci schwarz, nur das Endglied und das den 3 apikalen vorhergehende Glied gelb. Beine bräunlichgelb. — Körper-L. 6 mm. — Portugal . . . . . 31. *P.* (*Lobolampra*) *virgulata* (Bolívar 1878)

31* Pronotumscheibe schwarz bis schwarzbraun mit einem weißlichen Längsstreifen in der Mitte. Innenrand der Vorderflügel schräg konvex von der Basis an. — Seiten des Pronotums weißlich. Vorderflügel lappenförmig, seitlich, etwa 2mal länger als breit, ohne Aderspuren. — Körper-L. 5,5—6,5 mm; Elytren-L. 0,9—1 mm. — Portugal, Spanien . . . . . .
32. *P.* (*Lobolampra*) *panteli* (Bolívar 1921)

32 Vorderflügel voll entwickelt, manchmal etwas kürzer als das Abdomen. — Kopf auf dem Vertex zwischen den Augen gelb, meistens doch mit einigen eingesprengten schwarzen Punkten, sonst schwarz. Pronotum wie beim Männchen. Vorderflügel bis zum Abdomenende reichend, nicht selten etwas kürzer, sonst wie beim Männchen. Der ganze Vorderrand der

Vorderflügel sowie die proximalen 2/3 des Hinterrandes derselben scharf weißlich gesäumt. Pronotumscheibe schwarz oder rot. Tergite schwarz, distal und z. T. auch lateral schmal heller gesäumt. Sternite ebenfalls schwarz, aber breiter heller gesäumt distal sowie lateral. Cerci wie beim Männchen. Beine gelb. — Körper-L. 7,8—9,1 mm; Pronotum-L. 2 bis 2,2 mm; Elytren-L. 4,5—5,1 mm. — S-Europa von Korsika, Sardinien, Sizilien und Italien durch die Balkanländer (Jugoslawien, Griechenland, Bulgarien) bis nach S-Rußland (Krim) . . . .
1. *P.* (*Phyllodromica*) *marginata* (Schreber 1781)

a. Pronotumscheibe rot. — Unter der Nominatform . . . .
var. *erythronota* (Brunner v. W. 1882)

32* Vorderflügel bedeutend kürzer als das Abdomen 33

33 Vorderflügel auf dem Rücken einander begegnend oder nahezu so . . . 34

33* Vorderflügel vollkommen seitlich, auf dem Rücken einander nicht begegnend 49

34 Vorderflügel am Distalende schräg abgestutzt 35

34* Vorderflügel am Distalende gerundet 46

35 Vorderflügel ohne deutliche Aderung. Körperoberseite mit 3 dunkel- bis schwarzbraunen Längsstreifen, die sich vom Pronotum über die Vorderflügel nach dem Abdomen erstrecken und vorn miteinander zusammenfließen, mit Ausnahme des mittleren Streifens, der nicht bis zum Vorderrand des Pronotums reicht. — Kopf und Pronotum wie beim Männchen. Vorderflügel das 2. Tergit nicht überragend, distal abgestutzt. Die Tracht im allgemeinen wie beim Männchen, aber die 3 schwarzbraunen Längsstreifen setzen sich auch auf dem Abdomen fort. — Körper-L. 6—7 mm; Elytren-L. 2 mm. — Sardinien, Spanien . . . .
25. *P.* (*Arbiblatta*) *trivittata* (Serville 1839)

35* Vorderflügel mit deutlicher Aderung. Körperoberseite ohne solche Längsstreifen 36

36 Die schrägen Radiusäste (Rami anteriores) in der Subcostalarea der Vorderflügel undeutlich. — Kopf zwischen den Antennen und Augen orangefarbig; Gesicht schwarz. Pronotum wie beim Männchen. Vorderflügel verkürzt, etwa ebenso lang wie das Pronotum, distal schräg abgestutzt, die Färbung wie beim Männchen. Tergite schwarz, distal und lateral hell gesäumt. Sternite ebenfalls schwarz, aber nur distal hell gesäumt. Cerci wie beim Männchen. Beine mit gelblichbraunen Tibien und Tarsen. Oothek etwa 2,8 mm lang und 2 mm hoch, mit 10—12 kielförmigen Längsrippen; Kamm mit kleinen spitzigen Zähnchen. — Körper-L. 6,2—7 mm; Pronotum-L. 2—2,5 mm; Elytren-L. 2,3—2,8 mm. — S-Deutschland, Tschechoslowakei, Österreich, N-Italien, Ungarn, Polen?, Moldauische SSR, Ukrainische SSR . . . .
2. *P.* (*Phyllodromica*) *megerlei* Fieber 1853

36* Die schrägen Radiusäste (Rami anteriores) in der Subcostalarea der Vorderflügel regelmäßig und deutlich 37

37 Abdomenoberseite schwarz, höchstens mit hellen Hinterrändern der Tergite oder mit aufgehelltem Randsaum rings um das Abdomen oder mit beiderlei 38

37* Abdomenoberseite mit je einem schwarzen Längsstreifen beiderseits und einem schmäleren längs der Medianlinie oder wenigstens mit einer Tendenz zu solchen Längsstreifen oder die ganze Oberseite größtenteils hell . . . 42

38 In Spanien vorkommend. – Kopf bräunlich. Pronotum schwarz. Vorderflügel bis zum 3. Tergit reichend, sonst wie beim Männchen. Färbung des Abdomens im allgemeinen sehr ähnlich der beim Männchen. Cerci und Beine schwarz. – Körper-L. 7,7 mm; Elytren-L. 2,5 mm. – Spanien (Sierra Nevada) . . . . . . 21. *P.* (*Phyllodromica*) *princisi* Fernandes 1962

38* Nur außerhalb Spaniens vorkommend 39

39 In S-Italien vorkommend. – Robuster. Kopf und Pronotum wie beim Männchen, gelblich bis rötlichbraun. Vorderflügel nur bis auf das 2. Tergit reichend, aber nicht seitlich, distal gerade abgestutzt. Tergite schwarz, nur distal und lateral hell gesäumt, Sternite fast ganz schwarz. Beine und Cerci wie beim Männchen. – Körper-L. 5,9–6,7 mm; Pronotum-L. 2,1–2,2 mm; Elytren-L. 1,8–2 mm. – S-Italien (Salerno, Sizilien) . . 18. *P.* (*Phyllodromica*) *tyrrhenica* (Ramme 1927)

39* Nur außerhalb Italiens vorkommend 40

40 Subcosta der Vorderflügel bis zur äußeren latero-kaudalen Ecke derselben reichend. Nur in der Krim und in Kaukasien vorkommend. – Kopf mit braunem oder braunrotem Gesicht. Pronotumscheibe gelbrot bis schwarzbraun. Vorderflügel verkürzt, etwa 1,5mal länger als das Pronotum, distal schräg abgestutzt. Abdomen schwarz, aber Hinterränder der Tergite und Sternite breit weißlich gesäumt. Oothek etwa 3 mm lang und 2 mm hoch, ohne Längsrippen; Kamm mit spitzigen Zähnchen. – Körper-L. 6,6–8,1 mm; Pronotum-L. 2–2,2 mm; Elytren-L. 2,8–3 mm. – Krim, Kaukasien (N-Teil der O-Küste des Schwarzen Meeres) . . . . 5. *P.* (*Phyllodromica*) *kiritshenkoi* (Bey-Bienko 1948)

40* Subcosta der Vorderflügel bei weitem nicht bis zur äußeren latero-kaudalen Ecke derselben reichend. Außerhalb der Krim und Kaukasiens vorkommend 41

41 Körper-L. über 7 mm. Nur in Kreta vorkommend. – Kopf dunkel nußbraun, mit scharf gezeichneter elfenbeinfarbiger Binde zwischen den Augen. Pronotumscheibe schmutzig rötlichbraun mit schwärzlich verdunkelten latero-kaudalen Ecken. Vorderflügel verkürzt, aber nicht seitlich, nur wenig länger als das Pronotum, bis zum Hinterrand des 2. Tergits reichend, distal abgestutzt, schmutziggelblich, mit dunkel ausgefüllten Aderzwischenräumen. Abdomen oberseits einfarbig schwarz mit breitem hellem Randsaum und hell geflecktem vorletztem Tergit, unterseits ebenfalls schwarz mit schmälerem hellem Randsaum als oberseits und rostroter, nach hinten offener hufeisenförmiger Zeichnung auf der Subgenitalplatte. Cerci schwarz. Beine einfarbig schmutziggelblich. –

Körper-L. 7,5 mm; Pronotum-L. 2 mm; Elytren-L. 2,2 mm. Männchen noch unbekannt. — Kreta 13. *P.* (*Phyllodromica*) *cretensis* (Ramme 1927)

41* Körper-L. nicht über 7 mm. In anderen Teilen Europas vorkommend. — Kopf und Pronotum wie beim Männchen, die Pronotumscheibe schwarz. Vorderflügel etwa 1,5mal länger als das Pronotum, distal schräg abgestutzt. Abdomen schwarz, nur Hinterränder der Tergite bisweilen schmal hell gesäumt und latero-kaudale Ecken der Sternite aufgehellt. Cerci wie beim Männchen. Beine sehr oft bräunlichgelb. Oothek etwa 3,3 mm lang und 2,1 mm hoch, ohne Längsrippen; Kamm mit rundlichen Zähnchen, die etwa eine wellenförmige Linie bilden. — Körper-L. 6,5—7 mm; Pronotum-L. 2,3—2,4 mm; Elytren-L. 2,7—3,2 mm. — Deutschland, Tirol, Jugoslawien, Rumänien, Polen, Ukrainische SSR . . . .
6. *P.* (*Phyllodromica*) *maculata* (Schreber 1781)

42 Cerci schlank, mehr als 4mal länger als breit, mit nahezu parallelen Seiten 43

42* Cerci robuster, nur 3—3,5mal länger als breit, mit stark konvexen Seiten. — Kopf gelb. Pronotumscheibe rötlichgelb. Vorderflügel kaum den Hinterrand des 2. Tergits überragend, etwa 1,5mal länger als das Pronotum, distal abgestutzt, rötlichgelb, durchscheinend. Abdomenoberseite gelb mit schmalen, mitunter undeutlichen schwarzen Querstreifen auf den Tergiten. Unterseite des Abdomens ebenfalls gelb, aber mit schwarzem Einschlag in der basalen Hälfte. Cerci gelblich. Beine gelb. — Körper-L. 7,3—9,3 mm; Pronotum-L. 2,5—2,7 mm; Elytren-L. 3,1—4 mm. — S-Krim . . . . 4. *P.* (*Phyllodromica*) *retowskii* (Krauss 1888)

43 Abdomenunterseite hell 44

43* Abdomenunterseite schwarz oder wenigstens mit breiten schwarzen Streifen 45

44 Oothek glatt. — Kopf gelblichrot. Pronotum wie beim Männchen. Vorderflügel kaum den Hinterrand des 2. Tergits überragend, etwa 1,5mal länger als das Pronotum, distal abgestutzt, rötlichgelb, durchsichtig. Abdomen ober- und unterseits gelblich mit unscharfen dunklen Querstreifen auf den Tergiten und basalen Sterniten. Cerci gelblich und etwas robuster als beim Männchen. Beine gelb. Oothek glatt, ohne Längsrippen. — Körper-L. 7—7,5 mm; Pronotum-L. 2,2—2,3 mm; Elytren-L. 3,1 bis 3,3 mm. — Krim, Kaukasien (N-Teil der O-Küste des Schwarzen Meeres)
7. *P.* (*Phyllodromica*) *euxina* B.-Bienko 1950

44* Oothek dicht longitudinal gekielt. — Kopf wie beim Männchen. Pronotumscheibe gelblichrot. Vorderflügel rötlichgelb. Abdomenunterseite ganz hell. Beine blaßgelblich. Oothek wie bei *Ph. polita*. — Körper-L. 6,5 bis 7,5 mm; Pronotum-L. 2,4 mm; Elytren-L. 3 mm. — Aserbaidschan . .
9. *P.* (*Phyllodromica*) *schelkovnikovi* (Burr 1913)

45 Nur in der Krim vorkommend. — Kopf wie beim Männchen, manchmal aber gelblich. Pronotum in der Regel wie beim Männchen, mitunter aber die Scheibe mehr gelblich und die Grenze zwischen der Scheibe und den Seiten undeutlich. Vorderflügel kaum den Hinterrand des 2. Tergits erreichend, etwa 1,5mal länger als das Pronotum, distal abgestutzt,

gelblich. Abdomen oberseits mit 3 unterbrochenen schwarzen Längsstreifen, die manchmal nur angedeutet sind. Unterseite des Abdomens nur teilweise schwarz oder schwarzbraun. Cerci und Beine wie beim Männchen. Oothek etwa 3–4 mm lang und 2,5–2,6 mm hoch, mit 20–26 kielförmigen Längsrippen; Kamm mit gut voneinander distanzierten Zähnchen. — Körper-L. 7–9,5 mm; Pronotum-L. 2,3–2,6 mm; Elytren-L. 3,5–4 mm. — Krim (nordwärts bis Belbek, Alma und Simferopol) . . . . . 3. *P.* (*Phyllodromica*) *adusta* (Fischer-Waldheim 1846)

45* In Kaukasien vorkommend. — Kopf rötlichbraun, auf dem Vertex heller. Pronotumscheibe wie beim Männchen, nicht selten aber bräunlichrot oder sogar rötlichgelb. Vorderflügel kaum den Hinterrand des 2. Tergits überragend, etwa 1,5mal länger als das Pronotum, distal abgestutzt, einfarbig gelblich, nur selten mit einem distalen braunen Fleck. Abdomenoberseite hell mit 3 schwarzen Längsstreifen, von welchen der mittlere schmäler ist als die lateralen. Unterseite des Abdomens meistens schwarz oder überwiegend schwarz, seltener nur der basale Teil verdunkelt. Cerci meistens wie beim Männchen, bisweilen aber gelblich mit schwarzen Spitzen. Beine gelblich. Oothek etwa 4 mm lang und 2 mm hoch, mit 16–20 feinen Längsrippen; Kamm mit breiten rundlichen Zähnchen. — Körper-L. 7,1–8,8 mm; Pronotum-L. 2,2–2,4 mm; Elytren-L. 2,8 bis 3,3 mm. — Kaukasien (nordwärts bis Noworossijsk — Anapa — Pjatigorsk — Berg Indjuk) . . . . . 8. *P.* (*Phyllodromica*) *polita* (Krauss 1888)

46 Elytren-L. unter 3 mm 47

46* Elytren-L. über 3 mm 48

47 Radius der Vorderflügel distal sigmoid gebogen. — Kopf schwarz mit einer hellen Querbinde zwischen den Augen. Pronotum wie beim Männchen. Vorderflügel verkürzt, aber nicht seitlich, das 3. Tergit nicht überragend; die Färbung wie beim Männchen. Tergite schwarz, distal blaßgelblich gesäumt. Cerci wie beim Männchen. Beine gelblich. — Körper-L. 6,7 mm; Elytren-L. 2,8 mm. — Sardinien . . . .
14. *P.* (*Phyllodromica*) *marcelloi* Fernandes 1962

47* Radius der Vorderflügel distal nahezu gerade. — Kopf gelb- bis kastanienbraun, mit heller Querbinde zwischen den Augen. Pronotum und Vorderflügel wie beim Männchen. Abdomen oberseits mit 4 unterbrochenen schwarzen Längsstreifen auf hellem Grund, unterseits im allgemeinen ähnlich dem Männchen. Cerci und Beine wie beim Männchen. — Körper-L. 6,5–7,5 mm; Elytren-L. 2,2–2,3 mm. — Spanien (Sierra Nevada) . . . . 23. *P.* (*Phyllodromica*) *baetica* (Bolívar 1884)

48 In Sardinien und auf den Balearen vorkommend. — Kopf heller als beim Männchen. Pronotumscheibe blaßbraun mit zerstreuten kastanienbraunen Fleckchen und Punkten. Abdomenoberseite blaßbräunlich mit 3 longitudinalen Streifen aus kastanienbraunen Flecken. Cerci blaßbräunlich, dunkel gefleckt. Beine blaßbraun. — Körper-L. 5,8–7,2 mm; Elytren-L. 3,7–4,1 mm. — Balearen, Sardinien . . . .
20. *P.* (*Phyllodromica*) *sardea* (Serville 1839)

Man unterscheidet 2 Unterarten:
a. In Sardinien vorkommend . . . . *sardea sardea* (Serville 1839)
b. Auf den Balearen vorkommend . . . . . *sardea adspersa* (Bolívar 1897)

48* In Spanien vorkommend. — Kopf heller als beim Männchen. Der schwarze Fleck der Pronotumscheibe in einzelne kleinere Flecke aufgelöst, sonst aber wie beim Männchen. Vorderflügel nur bis zum 4. Tergit reichend, aber nicht seitlich; Färbung wie beim Männchen. Abdomen ebenfalls wie beim Männchen. Cerci hellbräunlich, schwarz gefleckt. Beine hellbräunlich. Oothek mit tiefen Längsfurchen versehen. — Körper-L. 7—8 mm; Elytren-L. 4—4,5 mm. — Spanien . . . .
19. *P.* (*Phyllodromica*) *chopardi* Fernandes 1962

49 Auf den Kanaren, Azoren und Madeira vorkommend 50

49* In anderen Teilen Europas vorkommend 52

50 Außenrand der Vorderflügel gerade 51

50* Außenrand der Vorderflügel leicht konvex. — Pronotumscheibe gelblich mit einigen dunklen Punkten in der Mitte, lateral breit dunkelbraun eingefaßt. Vorderflügel lappenförmig, seitlich, den Hinterrand des Mesonotums knapp überragend; ihr Außenrand leicht konvex. Körperoberseite gelblich mit 2 dunkelbraunen Längsstreifen, die über Pro-, Meso- und Metanotum sowie das Abdomen verlaufen; auf den Tergiten können die Streifen in einzelne Flecke aufgelöst sein. Cerci und Beine wie beim Männchen. — Körper-L. 9 mm; Pronotum-L. 2,5 mm; Elytren-L. 1,8 mm. — Azoren, Madeira . . . . 27. *P.* (*Arbiblatta*) *chavesi* (Bolívar 1898)

51 Etwas größer. — Kopf wie beim Männchen. Körperoberseite gelblich mit 2 schwarzbraunen Längsstreifen, die über Pro-, Meso- und Metanotum sowie Abdomen verlaufen. Vorderflügel seitlich, lappenförmig; ihr Außenrand streng gerade. Cerci und Beine wie beim Männchen. — Körper-L. 9 mm; Pronotum-L. 2,5 mm; Elytren-L. 1,8 mm. — Kanaren . . . . . .
15. *P.* (*Phyllodromica*) *brullei* (Princis 1963)
(= *Blatta bivittata* Brullé 1839, nec Serville 1839)

51* Etwas kleiner. — Kopf, Pronotum und Vorderflügel wie beim Männchen. Abdomen ober- und unterseits braun bis dunkelbraun mit gelblichem Randsaum. Cerci gelblich, an der Basis braun. Beine gelb. — Körper-L. 7,2 mm; Pronotum-L. 2,2 mm; Elytren-L. 1,5 mm. — Kanaren . . . . .
30. *P.* (*Lobolampra*) *lindbergi* Chopard 1955

52 In Portugal, Spanien, S-Frankreich, Korsika und Sizilien vorkommend . . 53

52* Nur ostwärts von Österreich, S-Tirol und Triest vorkommend 57

53 Vorderflügel nicht breiter als der helle Pronotumrand. — Kopf wie beim Männchen. Pronotumscheibe gelblich mit schwarzbraunen Punkten; Seiten des Pronotums durchsichtig. Vorderflügel wie beim Männchen. Abdomen gelblich, mit braunen Flecken und Punkten. Cerci blaßgelblich mit brauner Basis und Spitze. Beine wie beim Männchen. — Körper-L. 5—7 mm; Elytren-L. 1 mm. — Portugal, Spanien, S-Frankreich, Korsika, Sizilien, Dalmatien? . . . . . 28. *P.* (*Lobolampra*) *subaptera* (Rambur 1838)

53* Vorderflügel stets deutlich breiter als der helle Pronotumrand 54

54 Vorderflügel nur wenig breiter als der helle Pronotumrand. — Pronotumscheibe schwarz, in der Mitte mit einem weißlichen Längsstreifen. Seiten des Pronotums weißlich. Vorderflügel lappenförmig, seitlich, etwa 2mal länger als breit, ohne Aderspuren; ihr Außenrand schräg von der Basis an. — Körper-L. 5,5—6,2 mm; Elytren-L. 0,9—1,2 mm. — Portugal, Spanien
32. *P.* (*Lobolampra*) *panteli* (Bolívar 1921)

54* Vorderflügel etwa 2mal breiter als der helle Pronotumrand 55

55 Pronotumscheibe mit 2 schwarzen bis schwarzbraunen lateralen Längsstreifen auf hellem Grund und 3 gleichfarbigen Strichen dazwischen — Kopf und Pronotum wie beim Männchen. Vorderflügel lappenförmig, seitlich, knapp den Hinterrand des Mesonotums überragend, mit Aderspuren, gelb mit verdunkelten Aderzwischenräumen; ihr Außenrand an der Basis longitudinal und erst dann weiter distalwärts schräg. Abdomen, Cerci und Beine wie beim Männchen. — Körper-L. 6 mm. — Portugal . . . .
31. *P.* (*Lobolampra*) *virgulata* (Bolívar 1878)

55* Pronotumscheibe ganz schwarz bis schwarzbraun 56

56 Vorderflügel am Distalende eckig gerundet, deutlich zugespitzt. — Pronotumscheibe glänzend schwarz bis schwarzbraun; Seiten des Pronotums weißlich. Vorderflügel lappenförmig, seitlich, etwa 1,5mal länger als breit und 2mal breiter als der helle Randsaum des Pronotums; Aderspuren vorhanden, Aderzwischenräume stark verdunkelt. — Körper-L. 5—7 mm; Elytren-L. 0,9—1,2 mm. — Portugal, Spanien . . . .
29. *P.* (*Lobolampra*) *carpetana* (Bolívar 1873)

56* Vorderflügel am Distalende breit gerundet, ohne deutliche Spitze. — Kopf und Pronotum wie beim Männchen. Vorderflügel lappenförmig, seitlich, den Hinterrand des Mesonotums knapp überragend, weißlich mit schwärzlicher Fleckung. Abdomenoberseite schwarz gefleckt auf hellem Grund, wobei die schwarzen Flecken longitudinale Streifen bilden können. Sternite schwarz, bräunlich gesäumt. Cerci und Beine wie beim Männchen. — Körper-L. 6—7 mm; Elytren-L. 1,2—1,3 mm. — Portugal . . . .
24. *P.* (*Phyllodromica*) *moralesi* Fernandes 1962

57 Pronotumscheibe hell von einem schwarzen hufeisenförmigen Streifen eingefaßt. — Kopf wie beim Männchen. Der hufeisenförmige Streifen der Pronotumscheibe breiter und schärfer als beim Männchen. Vorderflügel seitlich, den Hinterrand des Mesonotums überragend, etwa 1,5mal länger als breit. Abdomen oberseits mit 3 schwarzen Längsstreifen, von welchen der mittlere schmäler ist als die übrigen; die lateralen Streifen erstrecken sich auch auf das Meta- und Mesonotum, der mittlere nur auf das Metanotum. Unterseite des Abdomens hell mit dunklen Flecken lateral; die Subgenitalplatte ganz schwarz. Cerci hell mit schwarzer Basis. Beine wie beim Männchen. — Körper-L. 7,5—8 mm; Pronotum-L. 2—2,1 mm; Elytren-L. 1,7 mm. — Transkaukasien (Ordubad) . . . .
17. *P.* (*Phyllodromica*) *znojkoi* B.-Bienko 1938

57* Pronotumscheibe einfarbig rostrot oder schwarz bis schwarzbraun 58

58 Pronotumscheibe rostrot. — Kopf und Pronotum wie beim Männchen. Vorderflügel seitlich, etwa bis zur Mitte des Metanotums reichend, gelblich. Abdomenoberseite schwarz, mit je einem rotbraunen Fleck an den Seitenrändern jedes Tergits. Unterseite des Abdomens und Cerci wie beim Männchen. — Körper-L. 8,5 mm; Pronotum-L. 2 mm; Elytren-L. 1,5 mm. — Jugoslawien, Albanien . 12. *P.* (*Phyllodromica*) *carniolica* (Ramme 1913)

58* Pronotumscheibe einfarbig schwarz bis schwarzbraun 59

59 Vorderflügel einfarbig, schmutzig weißlich oder gelblich 60

59* Vorderflügel zweifarbig, schwarz mit breitem hellem Außenrand. — Kopf und Pronotum wie beim Männchen. Vorderflügel seitlich, nur etwa 1,8 mm lang und 1,5mal länger als breit, schwarz mit hellem, durchsichtigem Vorderrand. Abdomen dorsal glänzend schwarz, mit distal und lateral weißlich gesäumten Tergiten. Oothek glatt, ohne Längsrippen. — Körper-L. 7—8 mm; Pronotum-L. 2,1—2,3 mm; Elytren-L. 1,8 mm. — Österreich, S-Tirol, Triest, Jugoslawien, Albanien, Bulgarien . . . .
10. *P.* (*Phyllodromica*) *brevipennis* (Fischer 1853)

60 Abdomen oberseits mit 3 schwarzen Längsstreifen auf hellem Grund. — Kopf blaßgelblich mit bräunlichrotem Längsstreifen in der Mitte. Pronotumscheibe schwarz, Seiten des Pronotums gelblich. Vorderflügel seitlich, nur etwa 1,8 mm lang und etwa 1,5mal länger als breit, einfarbig blaßgelblich. Unterseite des Abdomens gelblich, nur die Subgenitalplatte schwarz. Cerci wie beim Männchen. — Körper-L. 7—7,6 mm; Pronotum-L. 2,2 bis 2,3 mm; Elytren-L. 1,8 mm. — Griechenland, Kreta . . . .
11. *P.* (*Phyllodromica*) *pallida* (Brunner v. W. 1882)

a. Pronotumscheibe blaßrostrot mit breiten hellen Rändern. Vorderteil der rostroten Scheibe fein dunkel begrenzt. — Kreta . . . .
pallida cecconii (Griffini 1895)

60* Abdomen oberseits schwarz, mit hellen Hinter- und Seitenrändern der Tergite. — Kopf und Pronotum wie beim Männchen. Vorderflügel seitlich, etwa 1,5mal länger als breit, einfarbig schmutzigweißlich oder gelblich. Abdomen, Cerci und Beine wie beim Männchen. — Körper-L. 6,7—7 mm; Pronotum-L. 2,3 mm Elytren-L. 1,8—1,9 mm. — Griechenland, Jugoslawien, Kaukasien (Georgien) . . . .
22. *P.* (*Phyllodromica*) *graeca* (Brunner v. W. 1882)

LITERATURVERZEICHNIS

BEIER, M., (1961): Blattopteroidea (Blattodea). — Bronns Klassen und Ordnungen des Tierreichs, 5. Band, 3. Abteilung, 6. Buch, 4. Lieferung. Leipzig.

BEY-BIENKO, G. J., (1950): Nasekomyje tarakanovyje (Schabenartige Insekten). Fauna SSSR, N. S. No. 40. Moskva u. Leningrad.

BOLÍVAR, I., (1876): Sinópsis de los Ortópteros de España y Portugal. Anal. Soc. esp. Hist. nat., **5**: 79—130 (auch separat: Madrid 1878).

„ , (1897): Catalogo sinóptico de los Ortopteros de la fauna ibérica. — Ann. Sci. nat. Porto, **4**: 106—135 (auch separat: Coimbra 1900).

BRUNNER V. WATTENWYL, C., (1865): Nouveau système des Blattaires. Vienne.

„ , (1882): Prodomus der europäischen Orthopteren. Leipzig.

BURR, M., (1910): A synopsis of the Orthoptera of Western Europe. London.

CHARPENTIER, T., (1825): Horae entomologicae. Vratislaviae.

FERNANDES, J. DE A., (1962): Revisão dos Ectobiinae (Blattariae — Ectobiidae) da Peninsula Ibérica e Ilhas Baleares. — Revista Portug. de Zool. e Biol. geral, **3**: 149—246.

FIEBER, F. X., (1853): Synopsis der europäischen Orthopteren. — Lotos, **3**: 90 —104 (auch separat: Prag 1853).

FISCHER, L. H., (1853): Orthoptera europaea. Lipsiae.

HARZ, K., (1960): Geradflügler oder Orthopteren (Blattodea, Mantodea, Saltatoria, Dermaptera). — Die Tierwelt Deutschlands, 46. Jena.

JAKOBSON, G. G. u. BIANKI, V. L., (1905): Prjamokrylyja i ložnosetčatokrylyja Rossijsk. imperiji (Orthopteren u. Pseudoneuropteren des Russischen Reiches), St.-Petersburg.

RAMME, W., (1923): Vorarbeiten zu einer Monographie des Blattidengenus Ectobius Steph. — Arch. Naturgesch., **89 A**: 97—145.

„ , (1951): Zur Systematik, Faunistik und Biologie der Orthopteren von Südost-Europa und Vorderasien. — Mitteil. zool. Mus. Berlin, **27**: 1—431.

SACHREGISTER

(Synonyma kursiv)

Bei Fragen zur Produktsicherheit wenden Sie sich bitte an:
If you have any questions regarding product safety,
please contact:

Walter de Gruyter GmbH
Genthiner Straße 13
10785 Berlin
productsafety@degruyterbrill.com